U0180207

珠宝设计手绘技法全书

夏凡 编著

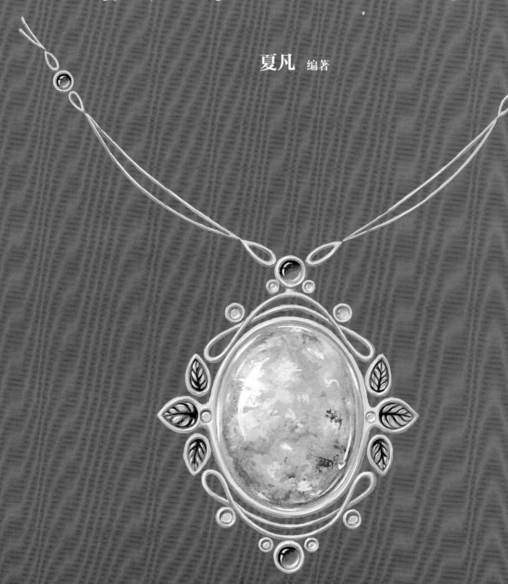

电子工业出版社
Publishing House of Electronics Industry
北京·BEIJING

图书在版编目（CIP）数据

珠宝设计手绘技法全书 / 夏凡编著. —北京：电子工业出版社，2022.7
ISBN 978-7-121-43886-8

Ⅰ.①珠… Ⅱ.①夏… Ⅲ.①宝石—设计—绘画技法 Ⅳ.①TS934.3

中国版本图书馆CIP数据核字(2022)第113334号

责任编辑：王薪茜
印　　刷：北京缤索印刷有限公司
装　　订：北京缤索印刷有限公司
出版发行：电子工业出版社
　　　　　北京市海淀区万寿路173信箱　　邮编：100036
开　　本：787×1092　1/16　　印张：19.5　字数：530.4千字
版　　次：2022年7月第1版
印　　次：2024年7月第3次印刷
定　　价：108.00元

凡所购买电子工业出版社图书有缺损问题，请向购买书店调换。若书店售缺，请与本社
发行部联系，联系及邮购电话：（010）88254888，88258888。

质量投诉请发邮件至zlts@phei.com.cn，盗版侵权举报请发邮件至dbqq@phei.com.cn。

本书咨询联系方式：（010）88254161～88254167转1897。

前　言

　　亲爱的读者，本书终于和大家见面了。这是一本面向珠宝设计师及对珠宝设计感兴趣的初学者的手绘技法工具书。

　　珠宝设计是一门集工艺和美学设计于一体的学科，本人有幸于中央美术学院首饰设计专业学习，并以此为起点进入这个行业。自 2008 年入行以来，随着个人的探索与成长，见证了行业的飞速发展。珠宝设计这门课程在西方国家有着非常完善的教学体系，当我亲眼看到 Van Cleef & Arpels 的手绘师画出大牌珠宝广告中的手绘图时，在赞叹其纯熟技法的同时也坚定了学好这项技能的决心。

　　从 2016 年建立夏凡高级珠宝手绘工作室以来，在帮助相关公司和企业解决珠宝设计需求的同时，开设了珠宝设计手绘的相关课程，课程涵盖了手绘表现技法和设计创意思维。自课程开设以来，吸引了来自全国各地的珠宝专业人士前来学习，甚至远在法国、美国、比利时、澳大利亚的海外华人也专程回国来到我们的课堂进行学习，并屡获国内外多个赛事奖项。

　　本书着重强调精细的手绘表现技法和空间想象能力，细腻的线条和饱满的色彩能让作品更加趋于真实，通过塑造合理的空间想象推理能力，为之后的创意设计奠定扎实的基础。在创作的过程中，设计者需要将大脑中天马行空的想象导出并呈现在纸上。一幅好的作品，合理的结构是最基本的，所以学习透视关系和三视图是非常重要的。虽然现在越来越多的三维软件可以辅助我们进行创作，但是设计的基本功永远是一名创作者的必修课。本书除了较全面地展示宝石和金属的绘制技巧，还在相应章节下了很大的功夫，帮助大家建立并夯实这项设计基本功。

　　感谢在本书写作过程中给予我支持的家人、学生和朋友；感谢中国美术学院的黄晓望老师、魏开君老师对本书的大力支持；感谢远在意大利的 Maria Grazia Di Giandomenico 女士、法国 EAC 艺术文化管理学院的同学和老师的大力支持；感谢北京设计学会珠宝首饰设计专业委员会的石砚主任；感谢电子工业出版社的王薪茜编辑。欢迎大家和我进行学术探讨，提出宝贵意见，共同学习和成长，为行业助力，为珠宝设计行业增光添彩！

夏　凡

目 录

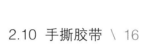

Part 4

刻面宝石手绘效果图技法

Part 6

金属的质感与手绘效果图技法

Part 7

透视的原理与运用

IX

Part 1

珠宝设计
与艺术

1.1 关于设计和艺术

设计服务于人。设计师不仅要熟练掌握与设计相关的技能，还要尽可能地去实现服务对象（领域、市场、公司、机构、个人）的想法，通过自己感知的信息，有目标、有计划地进行艺术创作，设计出令服务对象满意的作品。

艺术的本质是通过富有创造性的艺术语言来调动人的情绪。艺术包括绘画、雕塑、建筑、音乐、文学、戏剧等多种表达形式，艺术创作有时不完全是为了迎合市场，更多的是艺术家自我思考的表达和观点的诠释，所以虽然很多艺术形式不被大众所理解和接受，但不妨碍艺术家继续进行颠覆性创作，而创作的结果是否有其独特性，仁者见仁，智者见智。

1.2 珠宝设计师

随着社会分工逐渐精细，即使是珠宝设计师，也细分出不同的类型。

商业珠宝设计师的主要工作是围绕珠宝、首饰、时尚服装的配饰等进行设计，作品要高度迎合市场需求；独立珠宝设计师主要是以研究和创作当代首饰艺术为方向，设计创作不完全以市场需求为导向，市场依附度小。

1.2.1 商业珠宝设计师

商业珠宝设计师的工作是用金、银等贵金属和宝石、玉石等材料进行珠宝产品设计制作，通常要把握珠宝流行趋势，捕捉时尚元素，寻找设计概念源头，通过设计各种类型的珠宝款式来满足消费者的需求。商业珠宝设计师需要了解原材料，遵循工艺流程，使设计的产品更规范化、标准化，并且符合大众佩戴的习惯。商业首饰的特点是美观实用、性价比高、装饰性强，并且遵循商品规律，符合市场和经济原则。

1.2.2 独立珠宝设计师

独立珠宝设计师相对于商业珠宝设计师而言，其设计产品的受众群体要比传统珠宝设计师小，设计风格和审美情趣无须迎合大众的口味，只是从设计师自身的审美情趣和风格出发，树立独特的个人品位和品牌风格。独立珠宝设计师能更直接地面对客户，客户一旦认可了品牌风格，购买的忠诚度和黏度会比较高。

1.3 艺术首饰

艺术首饰虽然没有明确的定义，但行业内对其的普遍理解为：由独立珠宝设计师创作，以首饰为载体，通过对生活敏锐的观察和理解后表达独立珠宝设计师个人观点的作品。艺术首饰是独立珠宝设计师真实情感的流露，与绘画、诗歌、音乐或装置艺术等作品相同，其背后饱含独立珠宝设计师的思考和理解，承载着独立珠宝设计师对周边事物或社会现象的看法。最终呈现的首饰作品可以是实用的，也可以是奢华的。

艺术首饰是第二次世界大战后伴随着当代艺术发展而来的，战后，德国的艺术家对当时社会现象的思考引发先进的社会思潮，这种思潮渗透到社会的各个角落，当金匠接触到这种社会思潮后并开始设计饰品，就成了艺术首饰的雏形。随着艺术形式的不断演变，现在制作艺术首饰的材料也更加广泛，陶瓷、木材、动物皮毛、树脂、塑料、织物或艺术家通过探索自己制作的材料都成了艺术首饰的制作材料。由于艺术首饰的历史较短，且可以作为首饰佩戴，所以会被人拿来与商业珠宝设计做比较，使消费者对艺术首饰产生误解和疑惑。

Seulgi Kwon
胸针：《做百日梦》，2019
有机硅、颜料、线、塑料、羽毛
15.2cm×15.2cm×7.6cm

Orsolya Losonczy
项链：无题，2018
白云母、14K金、丙烯酸漆、树脂
30cm×9cm×4cm

艺术首饰和商业首饰之间有着千丝万缕的联系，它们界限模糊，同属于一个大家族，但作用和意义不同。商业首饰容易被大众理解和接受，其设计和服务对象广泛，注重市场和大众的审美需求，以及材料的价值和佩戴的舒适性。艺术首饰个性十足，更注重设计师内心和情感的表达，弱化了首饰的功能性。

艺术首饰的创作思路和思考逻辑不同于商业首饰，优秀的艺术首饰创作者需要具有清晰的思辨能力，对设计素养要求非常高，每一件作品的背后都要有完整的逻辑和独特的观点。商业首饰的目的是达到令人愉悦的审美效果，但是艺术首饰呈现的是多元化的效果，它或许是艺术家童年时期经历的缩影，或许是某个特别的爱好，或许是对某个社会现象的触动与感悟，或批判或颠覆，或许是对某种材料的喜爱，这些都可能成为艺术首饰的创作动机和设计思路，有了这些创作理念和出发点，还要用精湛的手艺制作出来，所以艺术首饰从一开始就不是为了取悦消费者，而是艺术家自我完善和修炼的过程。

艺术首饰使用的材料种类丰富，包括金属、木材、皮革、玻璃、纸以及艺术首饰创造者自己研究发明的材料等。在制作工序上不需要循规蹈矩，一件艺术首饰的制作周期可长可短，主要取决于创作者是否已经清晰地表达了自己的创作意图，而商业首饰在材料、制作周期、工艺流程和流水线工人的操作规范等方面都会受到限制。

实际上，在"工艺美术运动"之前，并没有艺术首饰和商业首饰之分，之前珠宝设计师的角色一直是由工艺美术师来担任的，那时的手工业为特定的阶层服务，市场需求量小，后来首饰可以用机械大规模生产了，人们的生活也越来越富足，市场了解到大量消费者的需求后，才慢慢衍生出现在的艺术首饰和商业首饰。

1.4 珠宝和首饰

首饰的概念比珠宝更宽泛。广义的首饰是指用各种材料对身体进行装饰的物品；狭义的首饰指佩戴在头部的装饰品。首饰是古老的艺术形式之一，在原始社会，人们就会在身体上涂抹颜色或者通过文身装饰身体，用贝壳、动物皮毛或动物牙齿等制作首饰。

相比首饰而言，珠宝一词增添了价格高昂、材料珍贵、稀缺保值的色彩，使用纺织物、树脂、塑料、廉价合金等价格低廉的材料制作的首饰不能被称为"珠宝"，所以珠宝是由有一定价值的材料制作而成的工艺品。

在英文中，首饰和珠宝都可以翻译为 Jewelry，但是高档、昂贵、使用贵金属镶嵌宝石、具有一定工艺价值的首饰被翻译为 Fine Jewelry 或 High Jewelry，这两个词的中文含义都为"高级珠宝"。虽然词典对这两个词没有明确的区分，但笔者认为 High Jewelry 除含有不计成本地制作珠宝的解释外，还多了一层高级定制的含义。

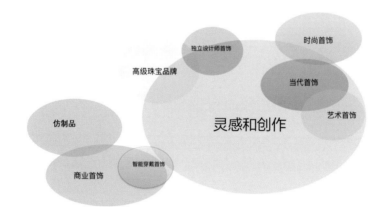

1.5 手绘珠宝设计图的意义

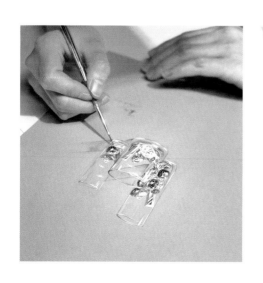

珠宝手绘属于一门比较传统的艺术科目，是绘画艺术的一个分支，设计师绘制珠宝是为了能够把设计细节表达清楚，使制作者和消费者都能通过设计图了解设计意图。手绘珠宝设计一方面能够很好地展示实物效果，另一方面也可以在制作过程中降低沟通成本，节省沟通时间，准确传达珠宝设计信息。

Part 2

绘画工具与使用技巧

2.1 铅笔和橡皮

2.1.1 铅笔

手绘珠宝设计图通常会画成与实物等大的尺寸，所以设计稿的尺寸比较小，画正稿时可以使用 0.3mm 的自动铅笔，草稿和复制阶段用 0.5mm 的自动铅笔，这样可以使绘图更流畅，易于创意发挥。

2.1.2 橡皮

4B 橡皮：需要大面积擦除笔迹时，可以使用 4B 橡皮。

蜻蜓橡皮：小圆头的蜻蜓橡皮在处理细节时，可以精确控制擦除的面积。

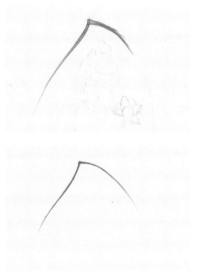

可塑橡皮：可塑橡皮不是通过摩擦方式去除笔迹的，而是通过点蘸的方式减弱铅笔稿的痕迹。可塑橡皮可以随意塑形，如果遇到需要揣摩设计的空间关系时，例如戒指的指环就可以利用可塑橡皮进行模拟，让设计师对空间有一定的预判。

2.2 卡纸

在绘画创作时可以选择法国康颂的 160 ~ 180g/m² 的灰色卡纸，白色卡纸和黑色卡纸虽然也可以进行绘画创作，但是珠宝手绘经常需要画出宝石闪耀的质感和强烈的反光感，白色卡纸不利于宝石闪耀质感的表现，黑色卡纸在暗部和灰面的体现上，层次不够丰富。

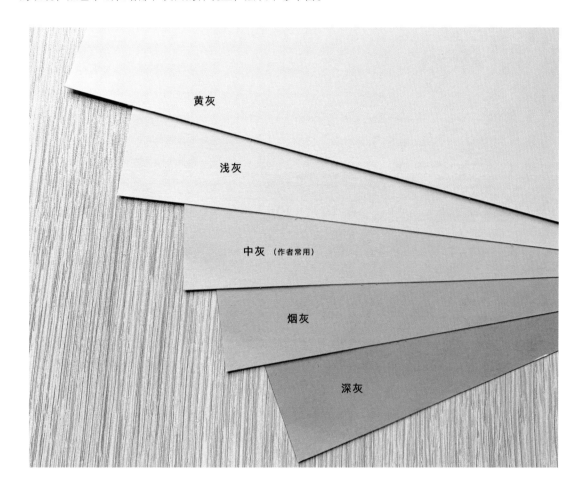

2.3 硫酸纸

硫酸纸也称为"描图纸"，是设计制图中经常用到的特种纸，通常使用 73g/m² 的硫酸纸作为珠宝设计图的转印纸，如果后期需要在硫酸纸上涂色，可以选择克重更大的纸张作为转印纸。

硫酸纸的使用方法

利用硫酸纸绘制对称的耳坠

利用硫酸纸绘制对称图形的另一半

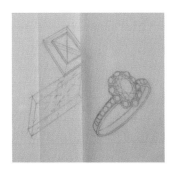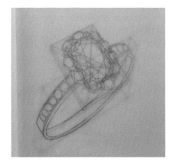

利用硫酸纸叠加建模绘制戒指

2.4 水粉或水彩

　　水粉和水彩都可以用于珠宝手绘。建议初学者使用固体水彩，便于携带且容易调色，在画翡翠等通透型宝石时可以选用水彩，但水彩的缺点是饱和度较低，不易展现色彩浓郁的宝石。

水粉的优点是色彩表现力强，覆盖力好，在表现色彩浓郁的珠宝时更能凸显宝石的质感，绘图时也可以将水彩和水粉结合使用。

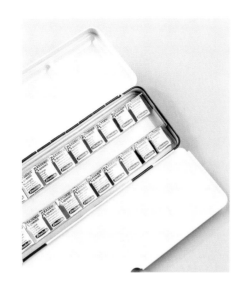

2.5 白色墨水

在手绘图中勾勒白色线条或绘制白钻时，通常需要用亮度和饱和度较高的墨水来完成，选购时推荐以下 3 种品牌的产品：日本 copic 提亮液、樱花白色水粉和温莎 & 牛顿白色绘图墨水。

2.6 绘图模板

通常使用的宝石绘图模板是美国的泰米（TIMELY）和日本宝饰学院的系列模板，美国泰米的常用型号包括T-90、N-7771-1、N-777-2、N-991M、T-52、T-97M、T-991M，可选择性购买的型号包括T-47M、T-502、T-508。

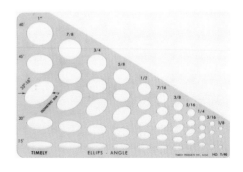

泰米的推荐模板中没有包含画圆形的模板型号，因为泰米的画圆模板上的十字坐标很难准确定位，不便于绘图。推荐购买带有十字标线的画圆模板，大部分国产和进口的品牌都有这种模板。

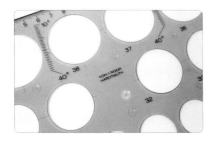 

用来绘制多边形的泰米模板型号包括 T–502、T–508。

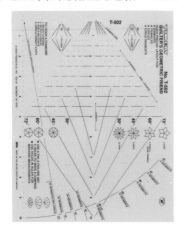 

日本宝饰学院的模板功能和泰米的相同，就不一一介绍了，分享几个可能会用到的型号：A–2、A–3、A–4、A–9、A–11。

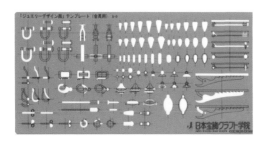 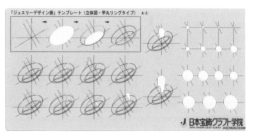

除上述的模板外，还可以购买 MATT 品牌的 NO.4。

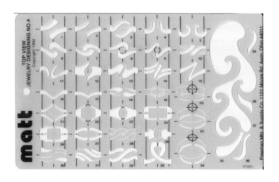

2.7 云尺

珠宝绘图经常需要绘制各式各样的曲线，运用云尺能够帮助我们画出流畅的线条。草稿阶段画出大致的造型后，用云尺贴合局部，绘制完美的曲线。

2.8 勾线笔

勾线笔通常选择弹性较好的毛笔，貂毛或貂毛混合尼龙毛材质的都可以。勾线笔是消耗品，使用一段时间后需要更换。常用的品牌包括俄罗斯白夜、韩国华虹、法国 ISABEY、英国温莎 & 牛顿等。

下中图和右图所示的旅行装勾线笔非常便携，笔杆和笔帽两用的设计可以很好地保护笔尖。

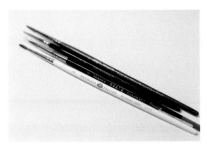  

在绘图过程中不宜长时间将笔倒置在水杯中，否则会造成笔尖弯曲，不仅影响绘图效率还会增加笔尖的损耗，闲置时将笔平放即可。

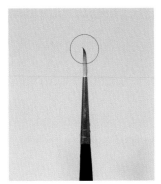 

如果是学习过书法的人，多会采取悬腕的执笔姿势，但是珠宝手绘和书法不同，书法讲究气势，需要用上臂和肘部带动毛笔，珠宝手绘在运笔上更注重精度和细节，把手平放在桌面上勾线上色才会更稳、更准，以达到更好的绘画效果。

绘画过程中准备一张纸巾，用来吸取笔尖上多余的水分。绘画实际上是掌握调水用水的过程。就像同样的食材，由不同的厨师烹饪，因为对火候的把握不同，制作的菜肴味道也会不同。

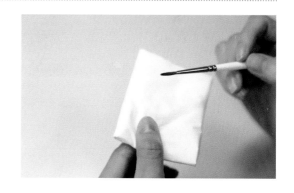

在绘制前，设计师要对笔尖颜色的饱和度和含水量做到心中有数，因为笔尖蘸取颜色的多少会对画面产生非常大的影响。当笔尖颜色过多时，可以在纸巾上以点弹的方式，让纸巾吸走多余的颜料和水分。

如果笔尖蘸取颜色的量符合绘画要求，但是水分过多，此时如果将颜色全部涮掉并重新取色会很耽误时间，而且再次调和的颜色会与上一次调和的颜色有差异，所以可以用纸巾在笔根处将多余的水分吸走，保留笔尖的颜色。

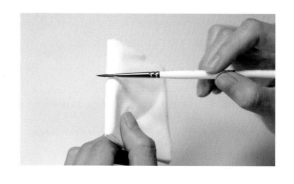

在珠宝绘图中通常需要先薄涂底色，可以用大号笔的侧锋将底色涂匀，再将笔杆侧立，用笔尖的前 2/3 将颜色晕染。具体笔号可以根据要涂底色的面积来选择。

勾线是珠宝绘图中非常重要的一种技能，也是初学者不容易掌握的技能。刚刚接触手绘的人会认为勾线很难，实际上并没有大家想象的那么难。刚开始练习时，可以选择细一些的勾线笔，例如 2/0 号笔，在纸上练习勾勒长直线和长弧线。

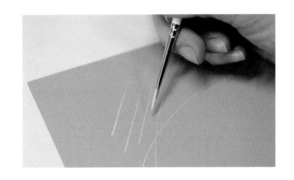

在调和白颜料和水时，水调多了会导致勾出来的线条又粗又浅；水调少了，会导致勾勒的线条磕磕绊绊、不流畅，建议大家集中时间进行练习。练习时用心去感受笔尖的饱和度和含水量的状态，当能够勾勒出满意的线条时，记住这种感觉和协调的比例，多练习几次，慢慢就会下笔有神了。

2.9 L 形尺和网格尺

在绘制三视图时 L 形尺是使用频率最高的工具，手绘珠宝设计图一般不会在大型纸张上进行，所以可以选择长度在 20cm 以内的 L 形尺。

网格尺上每一个方格的边长为 5mm，是绘制三视图时常用的工具之一。

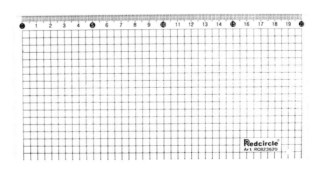

2.10 手撕胶带

手撕胶带也称为"手写胶带"，是一种低黏度胶带，从纸上撕下来相对比较容易，通常用它将硫酸纸固定在灰卡纸上，防止绘图时硫酸纸发生位移。

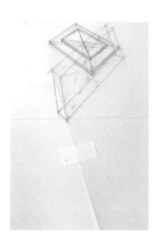 

2.11 颜料盒和涮笔筒

 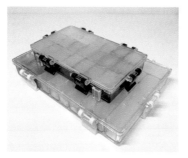

颜料盒要选择有密封盖的，可以将常用的颜色挤进去，每次完成绘画后喷水密封保存。

涮笔筒不需要太高、太大的，普通纸杯大小即可，透明的玻璃杯使用起来非常方便。在绘图过程中一般要准备两个涮笔筒，一个用来清洗彩色或深色的颜料，另一个用来清洗白色颜料，防止白色勾线笔染到其他颜色影响绘画效果。

2.12 针管笔

一般选用可以灌白色墨水的针管笔。

针管笔的笔尖粗细不同，有 0.1mm、0.13mm、0.18mm、1.0mm 等多种规格，可以根据绘画需求进行选择。针管笔对于初学者来说，在勾线方面会有很大的帮助，但是笔尖很容易堵塞，导致不出墨，有时候还会漏墨，所以一般只推荐初学者使用。

2.13 试色纸

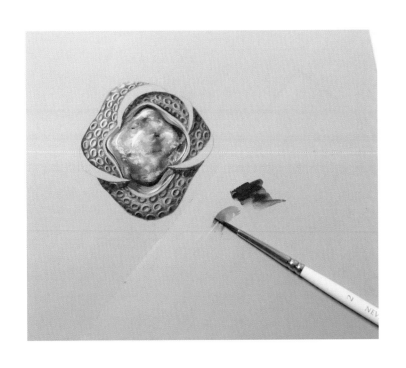

试色纸是一张和正稿用纸质地相同的纸，主要用来试验所调的颜色是否达到预期效果，所以正稿用什么颜色的纸，试色纸就用什么颜色的纸。绘画时先将调好的颜色在试色纸上试涂一下，从色相、饱和度、笔头含水量、画线流畅度等方面查看效果，可以减少在正稿上修改的次数和难度。

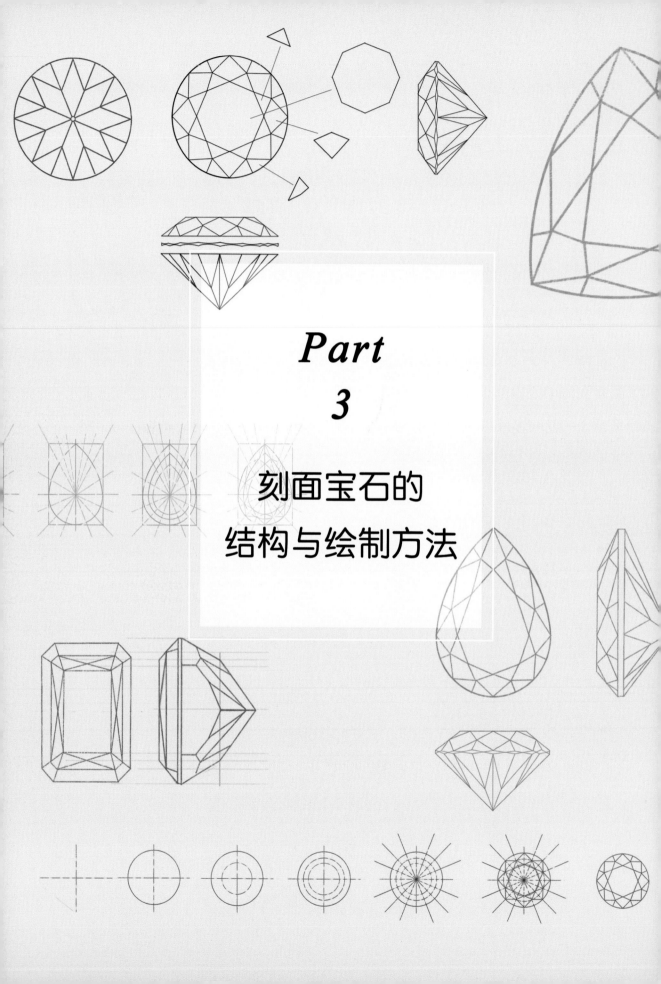

Part 3

刻面宝石的
结构与绘制方法

3.1 宝石的琢磨工艺

本节主要介绍刻面宝石的结构，说到刻面宝石的结构就一定要说宝石的切工琢磨工艺。

地球上的宝石资源丰富，被开发利用的历史悠久，宝石的切割琢磨工艺最早可追溯到旧石器时代。长期从事生产制作的劳动者称为"工匠"，工匠最早切割和打磨的并不是色彩斑斓的宝石，而是与劳作生产息息相关的石刀或石斧等工具。随着生产力的逐渐提高，人们开始懂得用色彩鲜艳的石头作为装饰品，工匠才开始切割和打磨宝石。

中国主要围绕玉器进行琢磨，国外的宝石琢磨主要针对的是单晶体宝石，单晶体宝石的琢磨最早起源于印度，后传入欧洲。

世界上四大钻石加工中心分别是：印度孟买，主要加工 10 分以下的小钻；美国纽约，主要加工 2 克拉以上的优质大钻；以色列特拉维夫，主要加工 1 ～ 2 克拉的钻石；比利时安特卫普，主要加工 30 分以上的钻石和大钻。

现在市场上宝石的切工各式各样，初学者绘制起来难免眼花缭乱，所以我们先来帮助大家梳理一下刻面宝石的分类以及不同类型之间的相似之处。

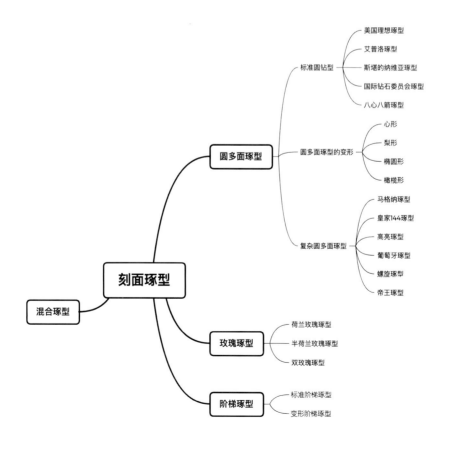

琢磨图例

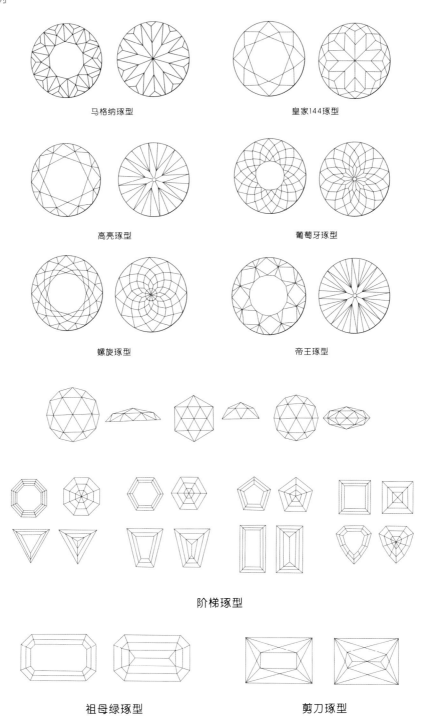

马格纳琢型　　　　　　　　　　　皇家144琢型

高亮琢型　　　　　　　　　　　葡萄牙琢型

螺旋琢型　　　　　　　　　　　帝王琢型

阶梯琢型

祖母绿琢型　　　　　　　剪刀琢型

　　珠宝设计应尽量遵照产品实物大小来进行设计，这样有利于把握设计结构和整体风格。若绘制的尺寸大于实物，可能会导致实物的结构过于紧凑；若绘制的尺寸小于实物，可能会因为细节过于简单导致作品看起来不饱满。

3.2 宝石的实际尺寸和克拉对照表

尺寸 （mm） /重量（ct） 琢型	0.25	0.5	0.75	1	1.5	2	3	4	5
圆钻	4.1	5.1	5.3	5.4	7.4	8.1	9.3	10.2	11
公主方	3.5	4.4	5	5.5	6.4	7	8	9	9.5
祖母绿	4.5×3	5.5×4	6×4.5	6.5×5	7.5×5.5	8.5×6	9.5×7	10.5×7.5	11.5×8.5
阿斯切	3.7	4.4	5	5.5	6.4	7	8.1	9	9.6
马眼	6.5×3	8.5×4	9.5×4.5	10.5×5	12×6	13×6.5	14×7	16×8	17×8.5
椭圆形	5×3	6×4	7.5×5	8.5×5	9×6	10.5×7	11.5×7.5	13×8.5	14×9.5
雷迪恩	3.5×3	5×4.5	5.5×5	6×5.5	7×6	7.5×7	8.5×7.5	9.5×8.5	10×9
梨形	5.5×3.5	7×4.5	8×5	8.5×5.5	10.5×6.5	10.5×7	12.5×8	13.5×9	15×10
心形	4.2	5.4	6.0	6.7	7.6	8.3	9.5	10.3	11
枕形	4×3.5	5×4.5	6×5	6.5×5.5	7.5×6.5	8×7	9×8	10×8.5	10.5×9

3.3 珠宝设计绘图注意事项

● 在使用模板绘图的过程中，笔尖应尽量垂直于纸面，增加标注尺寸的精确度。

● 由于台灯光源的照射角度不同，模板自身的厚度会在纸上产生阴影，需要设计师根据自身经验降低误差或者将台灯光线垂直于纸面照射，以尽量消除误差。

● 辅助线自己能看清即可。主刻面线条要绘制均匀，使画面呈现的效果立体且整洁。

● 遇到模板上没有的形状或者尺寸不符合要求的情况，有三种处理方法。第一，利用模板的局部拼合所需造型；第二，手绘一侧，另一侧借助硫酸纸画对称图；第三，借助计算机绘制所需造型，然后打印在灰卡纸上。

● 本章中有些宝石刻面展示了多种方法的绘画步骤，通常第一种方法较为精确，为初学者提供了有规律可循的步骤，但是步骤繁多，有绘画基础的人可以参考其他简单的绘画步骤。

● 由于钻石的切工有相对准确的参照比例，但是很多彩色宝石的饱和度、重量和晶体的净度是决定其价值的主要参考因素，在实际切磨过程中为了尽可能保证重量，会降低切工的精确度，所以有些宝石提供了刻面精确比例的数据，有些宝石则没有提供，所以设计绘画以手中实物的刻面结构为准。

3.4 圆形切工

3.4.1 圆形切工的结构

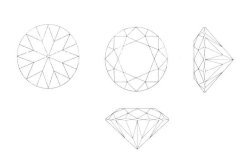

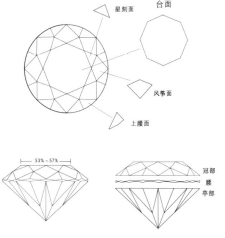

圆形是珠宝绘图中最常见的宝石刻面，圆形切工也称为"圆形明亮式切割"，这种切工能够突出宝石晶莹剔透的特性，充分展现宝石的颜色和火彩。

3.4.2 圆形切工的结构绘制（一）

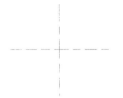

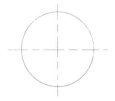

Step 1

画出十字辅助线。

Step 2

用圆形模板画出圆钻的轮廓，圆的中心点和十字线中心点重叠。用带有十字定位坐标的画圆模板可以轻松找到中心点。

Step 3

根据圆钻的最佳切工比例（53%～57%），在横向中心线上确定圆钻台面的左右端点，并以这两个端点为边界画圆。

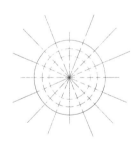

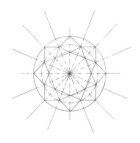

Step 4

画出风筝面两边端点的连线，圆钻平面图上最后形成的 8 个风筝面都是向中心点方向的连线较短，向外圆方向的连线较长，所以第 3 个圆与另外两个圆不是等距离的关系，而是更靠近内圆，通过这个圆可以 确定圆钻台宽比。

Step 5

由中心点划分出 8 条切线，将圆平分成 16 份，得到放射状辅助线并与 3 个圆形相交。

Step 6

将 16 等分线与 3 个圆的交点连线，得到圆钻的平面图。

Step 7

擦除辅助线，完成绘制。

3.4.3 圆形切工的结构绘制（二）

Step 1

用圆形模板画出正圆形。

Step 2

在正圆形范围内画出面积最大的正方形。

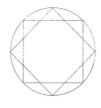

Step 3

画出与上一步绘制的正方形交错的正方形。

Step 4

利用两个正方形产生的交点进行连线，两点间隔连直线，得到小正方形。

Step 5

将剩余交点两点间隔连线。

Step 6

擦除辅助线。

Step 7

画出上腰面之间的角的平分线，完成绘制。

3.4.4 圆形切工的结构绘制（三）

Step 1
画出十字辅助线。

Step 2
在十字辅助线上绘制圆形。

Step 3
将圆形分成 8 等份。

Step 4
根据钻石台宽比的范围，在横、竖十字线上绘制两个叠加的正方形。

Step 5
将两个叠加的正方形产生的交点和中心点连线，并与轮廓线产生交点。

Step 6
将产生的交点和两个正方形的边角连线。

Step 7
沿着辅助线画出上腰面之间的角平分线。

Step 8
擦除辅助线，完成绘制。

　　以上几种圆钻刻面的结构适用于以圆钻为主石的珠宝设计，小颗的圆钻刻面结构相对简单，遇到 2mm 以下的小圆钻可以不画刻面。

3.4.5 圆形切工的简易结构绘制

　　简易的圆形切工常用于小钻或配石，由于绘制尺寸较小，不容易画全刻面，一般可以将台面的 8 个风筝面简化为两个正方形叠加的结构。在实际绘画过程中，更实用的方法是，将正方形的直线变成曲线，更有利于突出和展示小钻的结构。

实际绘图效果

3.5 椭圆形切工

3.5.1 椭圆形切工的结构

椭圆形切工是常见的切工方式之一，从宝石底部视角看，整颗钻石呈椭圆形。一颗椭圆形钻石最佳的纵横比是 1.5∶1，即长度是宽度的 1.5 倍。

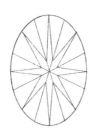 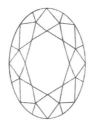 

3.5.2 椭圆形切工的结构绘制

Step 1

画出十字辅助线。

Step 2

画出椭圆形的轮廓，纵横比为 1.5 : 1。

Step 3

根据椭圆形钻石最佳台宽比 55% ~ 60%，画出椭圆辅助线（图中最小的椭圆形）和风筝面两边端点连线的轨迹（夹在台面椭圆形和轮廓之间的椭圆形）。

Step 4

贴着轮廓线画出长方形的边框。

Step 5

由中心点向长方形的四个边角连线，将椭圆形平分成 8 份，在每一个小份中画出角平分线，将椭圆形划分成 16 份，沿长平分线与椭圆形形成交点。

Step 6

连接 16 分线和辅助圆的交点，得到 8 个风筝面。

Step 7

将风筝面朝向中心的顶点逐一连线，得到八边形台面，沿着 16 分线的痕迹连接上腰面之间的角平分线。

Step 8

擦除辅助线，完成绘制。

3.5.3 椭圆形切工的简易结构绘制

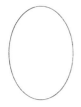

Step 1

用模板画出椭圆形。

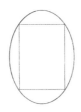

Step 2

在椭圆形中间,画出长方形。

Step 3

画出与上一步绘制的长方形交错的长方形。

Step 4

将两个长方形的交点连线,两点相隔连直线,得到小长方形。

Step 5

将剩余交点两点相隔连线。

Step 2

擦去辅助线。

Step 3

画出上腰面之间的角平分线,完成绘制。

3.6 梨形（水滴形）切工

3.6.1 梨形（水滴形）切工的结构

梨形切工的一端是圆的，另一端是尖的，像水滴一样，所以又称"水滴形切工"，是椭圆形切工和马眼形切工的结合体。相对于其他异形切工，梨形切工更容易显示颜色和内含物，其长宽比为 1.5 ~ 1.75 : 1。

3.6.2 梨形（水滴形）切工的结构绘制

Step 1

画出十字辅助线。

Step 2

利用模板绘制出梨形的轮廓，由于从侧面观察梨形切工底尖并不在垂直中心线的二等分处，所以将梨形的最宽处置于水平的中心线上。

Step 3

贴合外轮廓绘制长方形辅助边框，并由中心点向 4 个边角连线。

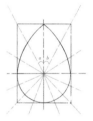

Step 4

将角 a 和角 b 以外的角再次平分。

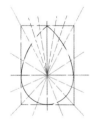

Step 5

将角 a 和角 b 分别三等分。

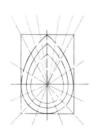

Step 6

根据宝石的台宽比，画出辅助线和风筝面两边端点的连线。

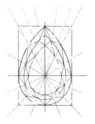

Step 7

将放射状的辅助线和梨形辅助线的交点连接，形成梨形的 8 个风筝面。

Step 8

擦除辅助线，完成绘制。

3.6.3 梨形（水滴形）切工的简易结构绘制

Step 1

画出十字辅助线，并用模板
绘制出梨形轮廓。

Step 2

在梨形内部绘制梯形，
梯形底线位于中心点
到梨形底部边缘的二
等分线上，顶线位于
中心点到梨形顶部的
2/3 平行线上。

Step 3

由中心线和梨形轮廓
两边的交点，向上交
叉连线。

Step 4

由中心线和梨形轮廓
两边的交点，向下端
点连线。

Step 5

擦除辅助线，完成绘制。

3.7 马眼形切工

3.7.1 马眼形切工的结构

马眼形切工是指钻石两端呈尖角的切工,这种切工的原石留存率较低。从台面看,马眼形切工比相同质量的其他切工大。马眼形切工的特色是两端的尖角处闪亮度极高,但镶嵌时需要注意保护尖角。

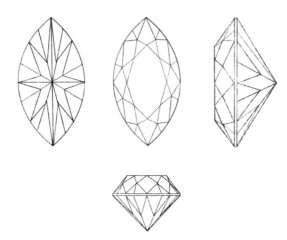

3.7.2 马眼形切工的结构绘制

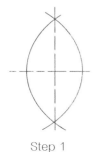

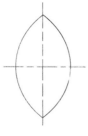

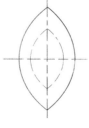

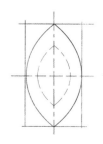

Step 1	Step 2	Step 3	Step 4
绘制十字中心线和马眼形轮廓,可以通过椭圆形模板绘制两条弧线组成马眼形,也可以采用马眼形模板绘制,绘制时可以根据实际需求选择。	擦去多余线条,保持画面干净。	根据宝石的台宽比,画出台面的辅助线。	在外部绘制长方形边框辅助线。

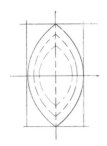 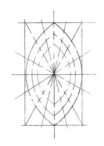 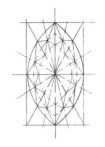 

Step 5

绘制风筝面两边端点连线的轨迹，绘制方法可以参照圆形切工结构的画法。

Step 6

由中心点向 4 个边角连线，将每个角再次平分，绘制出平分辅助线。

Step 7

连接 16 分线和辅助线的交点。

Step 8

将风筝面朝向中心点方向的端点连成直线，形成八边形宝石轮廓，并连接上腰面的角平分线。擦除辅助线，完成绘制。

3.7.3 马眼形切工的简易结构绘制

 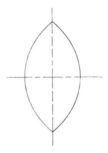 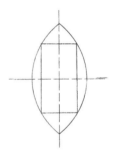

Step 1

绘制马眼形轮廓。

Step 2

在马眼形上绘制十字中心辅助线。

Step 3

在马眼形内部绘制长方形。

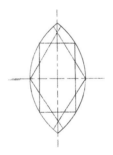 

Step 4

由横向中心线与外轮廓的交点向上、下两端交叉连线。

Step 5

将宝石内部的直线绘制成曲线，擦除辅助线，完成绘制。

3.8 三角形切工

3.8.1 三角形切工的结构

三角形切工是指拥有 3 条相等的直边或曲边的混合型切工，其最佳的长宽比为 1∶1。采用这种切工加工的钻石一般比较薄，通常由平的三角形毛胚切割而来。

3.8.2 三角形切工的结构绘制

Step 1

使用模板绘制三角形轮廓。

Step 2

在三角形内，用虚线将 3 个角的顶点连成 3 条直线。

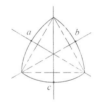

Step 3

找到三角形的中心点，将宝石分为 6 等份，并画出辅助线。

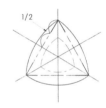

Step 4

按比例画出宝石台面，以 3 条中心线的二等分点为参考点，绘制台面大小的辅助三角形。

Step 5

将辅助三角形的顶点和蓝色线条端点连线，形成 3 个角的风筝面。

Step 6

将 3 个风筝面交叉连线，并擦除多余的线条。

Step 7

将 a、b、c 点和风筝面的两端点连线。

Step 8

画出腰面的角平分线，完成绘制。

3.8.3 三角形切工的简易结构绘制

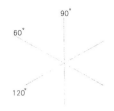

Step 1

画出与水平线成90°、60°和120°的3条中心线。

Step 2

借助模板画出宝石的轮廓线。

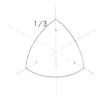

Step 3

在3条辅助线距中心点的1/3处取点。

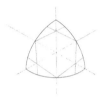

Step 4

将辅助线与轮廓线的交点与1/3处的点连成一条直线并延长。

Step 5

根据三角形切工的特点，将3条辅助线的交叉点分别连接成直线。擦除辅助线后即完成绘制。

3.9 枕形切工

3.9.1 枕形切工的结构

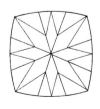

　　枕形切工又称"垫形切工"，因外形像边角圆滑的枕头而得名。枕形钻石最大的特点是拥有弧形的侧边曲线和圆润的边角，让钻石有一种柔和美。另外，枕形切工和标准的圆形明亮式切工相同，都有58个小切面，最大限度地展示了钻石的火彩。枕形的台面相对较小，腰围较薄，整体扁平。枕形钻石的底尖被加工成一个小切面，从台面观察，枕形钻石内部可见一个"空洞"。

3.9.2 枕形切工的结构绘制

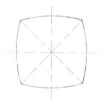

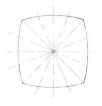

Step 1

绘制枕形轮廓，如果
模板尺寸受限，可以
用椭圆形模板绘制 4
条弧线组成枕形。

Step 2

在枕形内连接对角线。

Step 3

通过对角线的中心点
画出十字中心线，将
枕形平均分成 8 份。

Step 4

由中心点向外轮廓画
角的平分线，将枕形
分成 16 等份。

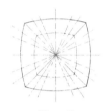

Step 5

在指定的几个角中继
续画角的平分线，并
根据枕形台宽比画出
台面辅助线。

Step 6

将台面辅助线的边角和
蓝色辅助线连接，形成
4 个边角的风筝面。

Step 7

将 4 个风筝面的两边
端点交叉连线，并擦
除辅助线。

Step 8

将十字线和轮廓的交点
与风筝面的端点连线，
绘制出上腰面之间的角
平分线，完成绘制。

3.9.3 枕形切工的简易结构绘制

Step 1

绘制枕形轮廓，如果模板
尺寸受限，可以用椭圆形
模板绘制 4 条弧线并组成
枕形。

Step 2

根据台宽比，绘制台面辅
助线。

Step 3

在 4 个边角画出 4 个风筝面。

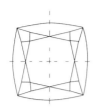

Step 4

交叉连接 4 个风筝面的两边端点。

Step 5

将十字中心线和轮廓的交点与 4 个风
筝面的两边端点连线，擦除辅助线，
画出腰面之间的角平分线，完成绘制。

3.10 心形切工

3.10.1 心形切工的结构

　　心形切工是指心形的宝石切割工艺。标准的心
形钻石有 63 个面，长宽比为 1∶1，从心形钻石台
面看去，两肩应呈圆弧形，心形钻石看起来比相同
质量的采用其他切工的钻石小一些。

3.10.2 心形切工的结构绘制

Step 1

画出十字辅助线。

Step 2

绘制心形轮廓，由于从侧
面观察心形的底尖位于正
面最宽处，所以中心点不
在二等分点处。

Step 3

贴合轮廓画出长方形
辅助线。

Step 4

由中心点向 4 个边角连
线，将心形分成 8 份。

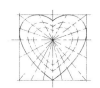

Step 5	Step 6	Step 7	Step 8
将已经分成的 8 份再分成 18 份。	画出心形台宽比的心形辅助图案，以及风筝面两边端点连线的轨迹。	将辅助线和 3 个心形产生的交点连线，得到 9 个风筝面。	画出腰面之间的角平分线，擦除辅助线，完成绘制。

3.10.3 心形切工的简易结构绘制

Step 1

画出十字中心线和心形轮廓线，在竖向中心线上标注出 3 个 1/2 点，分别是：a 点，位于 o 点到上边缘的 1/2 处；b 点，位于 o 点到下边缘的 1/2 处；c 点，位于 b 点到下边缘的 1/2 处。

Step 2

在横向的中心线上，分别在中心点到边缘线的 1/2 处取两个点。

Step 3

画出 3 条辅助线。

Step 4

分别连接刻面线。

Step 5

补全剩余的刻面线。

Step 6

擦除辅助线，完成绘制。

3.11 祖母绿形切工

3.11.1 祖母绿形切工的结构

    采用祖母绿形切工的钻石呈长方形，边与角均有棱面，切割面较大，属于阶梯式切割。其所有切面均平行或垂直于钻石的方形外腰围，外形呈矩形，亭部和冠部较扁，底尖收成线状。祖母绿形切工因切面多样，会发出璀璨的光芒。

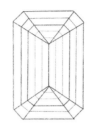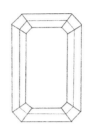

3.11.2 祖母绿形切工的结构绘制

Step 1

用模板绘制祖母绿轮廓。

Step 2

连接祖母绿的对角点得到中心点。

Step 3

通过中心点画出祖母绿的十字中心线，在中心点距纵向轮廓的 1/3 处取两点，两点之间的线段为祖母绿的龙骨线。

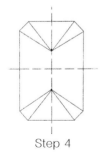

Step 4

将两点与 8 个边角画线连接。

Step 5

根据祖母绿的台宽比绘制台面，以顺时针或逆时针首尾相连的方式进行连线，具体比例以实际参照的宝石为准。

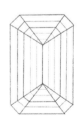

Step 6

由于祖母绿是阶梯式切工，从侧面观察其腰楞以下的部分厚于冠部，所以层数也多于冠部。在绘制平面图的时候，台面内部的层数要多于台面外部的层数。

3.12 雷迪恩形切工

3.12.1 雷迪恩形切工的结构

　　雷迪恩形宝石既拥有圆形明亮式钻石的火彩，又具备祖母绿形宝石的高贵、优雅。采用雷迪恩切工的宝石呈方形或矩形，四角为切面式，整体切割面采用明亮式切工。此外，雷迪恩形结合了传统祖母绿的外形和圆形明亮式的切工，拥有 4 个纵倾的边角，钻石镶嵌更安全，无须担心镶嵌过程中 4 个边角会破裂。

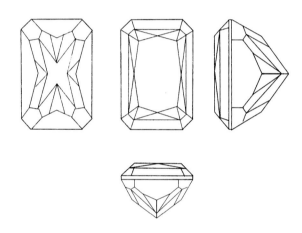

3.12.2 雷迪恩形切工的结构绘制

  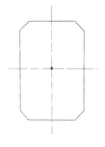 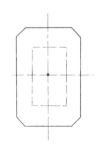

Step 1	Step 2	Step 3	Step 4
绘制雷迪恩形轮廓，与祖母绿轮廓相同。	连接任意对角线，找到中心点。	通过中心点画出十字中心线。	通过十字中心线画出长方形辅助线，确定台宽比。

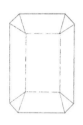   

Step 5	Step 6	Step 7	Step 8

将长方形的 4 个边角
与轮廓的 8 个点连接，
形成 4 个三角形。

在长方形辅助线和轮
廓之间画出分层图形。

擦除长方形辅助线。

将三角形的顶点和分
层图形（第 6 步绘制）
与三角形的交点连接，
完成绘制。

3.13 阿斯切形切工

3.13.1 阿斯切形切工的结构

阿斯切形切工是荷兰工匠约瑟夫·阿斯切在 1902 年设计的，最初是为钻石设计的切工，后多用于切割祖母绿，取代了以前切割过浅的祖母绿龙骨线的切割方式。

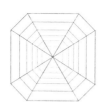  

3.13.2 阿斯切形切工的结构绘制

Step 1

绘制轮廓线。

Step 2

将 8 个对角用直线连接。

Step 3

根据台宽比绘制台面。

Step 4

在台面与轮廓线之间，
等距离绘制分层图形。

Step 5

擦除辅助线，完成绘制。

3.14 长方形和梯形切工

3.14.1 长方形和梯形切工的结构

在绘制长方形和梯形切工宝石时，可以先将宝石轮廓绘制出来，然后按照比例绘制宝石台面。

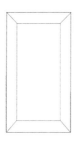

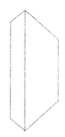

3.14.2 长方形切工的结构绘制

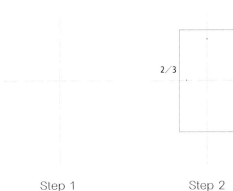

Step 1
绘制十字中心线。

Step 2
绘制长方形轮廓线。在距离中心点 2/3 的水平十字中心线上取点,垂直取点和水平取点距轮廓线等宽。

Step 3
利用取点画出长方形切工的台面。

Step 4
连接轮廓线与台面的四角,擦除辅助线,完成绘制。

3.14.3 梯形切工的结构绘制

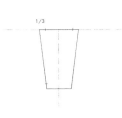

Step 1
绘制 T 字形辅助线。

Step 2
画出梯形轮廓,在横向边角距中心点的 1/3 处取点,纵向取等距离的点。

Step 3
利用所取的点画出梯形切工的台面。

Step 4
连接轮廓线与台面的四角,擦除辅助线,完成绘制。

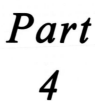

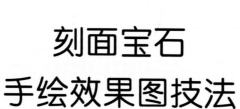

Part
4

刻面宝石
手绘效果图技法

4.1 刻面宝石的上色原理

4.1.1 宝石的明暗关系

    不同刻面宝石的绘画步骤相似，所以文字描述的上色步骤对不同刻面宝石来说是相同的，尤其是采用放射状切工的宝石。

珠宝手绘图中的明暗关系，
通常遵循的是左上方45°
打光的原则。

在垂直于45°的宝石中间
区域有一条明暗分界线。

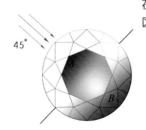

暗部到亮部没有明确的边界线，均匀过渡。

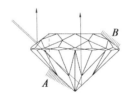

宝石具有折射现象和反射现象，所以光线进入宝
石时，在A区和B区形成了两个暗区。

4.1.2 宝石的上色技巧

    宝石的上色步骤没有严格的限制，所以后文所讲解的宝石上色案例中也没有统一的上色顺序和步骤，设计师可以根据需要灵活调整，不用纠结步骤的顺序。宝石的最终效果和气质是随着不同的设计风格呈现的，同一颗宝石的画法可以随着画面的需求或者设计师的喜好来调整，高光的位置、勾线的粗细、色彩和饱和度等细节都会影响宝石的效果。

Step 1　用水彩或水粉薄涂底色，上色时颜料不要遮盖铅笔底稿，如果绘画时颜料涂厚了，需要重新画出宝石刻面，但不会对后面的步骤造成影响。

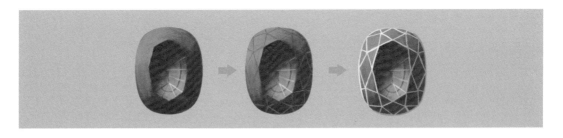

Step 2　白色的宝石（通常指钻石）不用涂底色，由于卡纸是灰色的，起到调和宝石中间色的作用，所以绘制白钻时不需要涂灰色底色，可以直接进行下一步。黑色的宝石要薄涂佩恩灰底色。

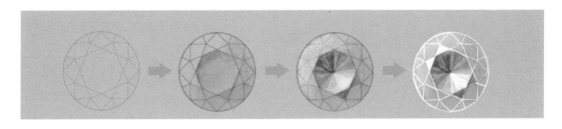

Step 3　绘制宝石的暗部。从明暗关系的角度来讲，绘制宝石暗部就是区分受光面和背光面。宝石的右下角区域和宝石的台面内部是宝石的两个暗部区域，如果把宝石的台面内部分为 4 个象限去理解，由左上象限向右下象限，是由暗到亮的渐变。

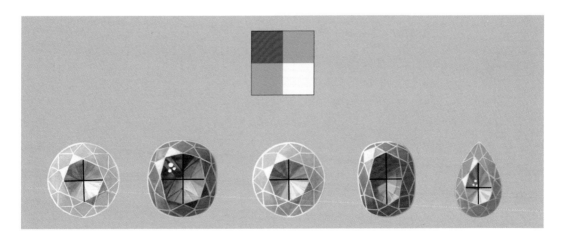

Step 4　加强暗部区域刻面的效果。从亭部观察，通常明亮式切割的宝石都是呈放射状的，所以先在台面内左上方象限中，将 1 ~ 2 个刻面的色彩加强，再选择台面右下方暗部区域中最靠近台面的两个刻面加强色彩。这两个刻面展现了明暗交界线，对展现宝石的体积感有非常重要的作用。

Step 5　宝石的明暗关系已经展现出来了，这一步表现台面内的明暗关系，台面内部看到的结构其实是亭部折射到台面的结构，所以需要进行切割，并遵循之前的明暗关系进行晕染。

Step 6　勾线。

方法一：主刻面线条全部勾成白色，这样画出来的宝石呈现平面效果。

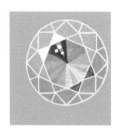 

白色线条粗细一致，饱和度相同，但缺乏层次。台面由暗到亮缺乏过渡，略显生硬。

明暗关系柔和，白色线条贴合形体，线条的粗细随着光影的变化，有明显的强弱表现。

方法二：在受光面勾白线，背光面用宝石的底色加白色勾线，这样既可以体现宝石的刻面，又能增加宝石的体积感，使暗部区域更柔和、更自然。

表现物体暗部最重要的是将暗部的体面关系表现出来，使所画物体在二维的纸面上呈现三维的空间效果。

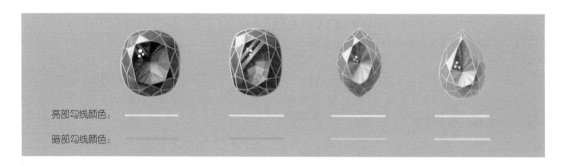

亮部勾线颜色：

暗部勾线颜色：

Step 7　绘制高光。因为左上角 45°的光源是不变的，所以，高光的位置通常是比较固定的，而宝石刻面中最白、最亮的其实是光源中反射出去的光，所以和 45°光线呈垂直方向的刻面就是宝石中最亮的区域，在绘画时用白色将 1 ~ 2 个刻面填满并绘制均匀即可。

下面是几种不同形式的高光效果表现图，设计师可以根据喜好进行绘制。

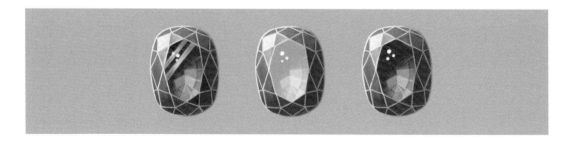

宝石的表现和绘画原理是相同的，但是绘画风格因人而异，有的人喜欢古典主义，有的人喜欢印象派。与画家写生一样，同样的风景，不同的画家运用不同的绘画技巧呈现的作品截然不同，没有对错，只要符合自己的风格即可。

4.2 钻石的上色绘画技法

4.2.1 钻石

钻石

Diamond

公主方钻石

祖母绿形钻石

圆形明亮式钻石

心形钻石

梨形钻石

雷迪恩形黄钻

阿斯切形钻石

雷迪恩形粉钻

钻石的英文名称 Diamond 来源于希腊语，意为"坚不可摧"。钻石是一种由碳元素组成的矿物，硬度为10，是已知自然界中最硬的物质。钻石的硬度虽然最高，但并不意味钻石不会被摔碎，如果恰巧磕碰在钻石的解理处，钻石是会碎的。工业中用于切割玻璃的金刚石虽然与钻石是同一种物质，但是颜色、净度等各方面都达不到宝石级别的要求。

世界各地都发现了金刚石矿，其中，澳大利亚、刚果、俄罗斯、博茨瓦纳和南非是著名的五大金刚石产地。

15 世纪中叶，比利时人路德维希·凡·伯克姆发明利用钻石自身的硬度，两颗钻石可以相互打磨的方法。600 多年以来，比利时一直以钻石切工闻名于世。由最初保留天然结晶形态的尖琢型切工、保重的玫瑰式切工，到如今的明亮式切工，钻石的加工历经数百年的发展才呈现完美的火彩。

除了传统的圆形切工，常见的现代钻石琢型还包括祖母绿切工、梨形切工、椭圆形切工、长阶梯形切工、枕形切工、心形切工、公主方切工和榄尖形切工等。

祖母绿切工白钻

Step 1

绘制出钻石的线稿。

Step 2

在钻石台面以外的右下区
域画出背光面，并加强台
面内的暗部效果。

Step 3

用淡白色将钻石的受光
面提亮。

Step 4

用深灰色将钻石台面内阶梯
式的结构画出层次，加强暗
部区域的效果。

Step 5

用深灰色加强钻石台面
以外的背光面，画出明
暗层次。

Step 6

增强台面内的层次效果，进行
强弱区分。

Step 7

用细勾线笔将钻石的主刻面
线条勾勒清晰。

Step 8

用纯白色将钻石的高光
涂抹均匀，完成绘制。

Step 9

用淡白色将台面右下区域的
不同层次提亮，注意同一层
次的强弱变化，画出钻石的
高光效果，完成绘制。

圆形切工白钻

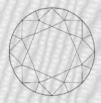

Step 1

画出钻石的底稿。

Step 2

遵循左上方 45°打光原则,
晕染钻石的暗部,形成与灰
色底稿均匀过渡的效果。

Step 3

在钻石台面内增强层次效果。

Step 4

在台面外的右下角用深灰色
涂暗,形成明暗交界线。

Step 5

用淡白色将钻石台面内的
右下角压线和台面外的左
上角压线提亮。

Step 6

丰富台面内的层次,形成由
左上方到右下方,呈由强到
弱的层次变化。

Step 7

用纯白色画出台面外左上方
两个角的高光。

Step 8

用细勾线笔勾勒出宝石的
线条。

Step 9

画出钻石台面的高光,高光的
效果可以依据个人喜好绘制,
完成绘制。

心形切工白钻

Step 1

画出底稿，遵循左上方45°
打光原则，将钻石台面内左
上方晕染成暗部。

Step 2

绘制钻石台面外右下方的
暗部，形成与灰色底稿均
匀过渡的效果。

Step 3

用淡白色提亮钻石的亮部。

Step 4

丰富钻石台面内右下方和台
面外左上方的折射效果。

Step 5

在台面外的右下方用深灰
色涂暗，形成明暗交界线。

Step 6

丰富台面内的层次，由左上
方到右下方呈由强到弱的层
次变化。

Step 7

用细勾线笔勾勒宝石的刻面
线条。

Step 8

用纯白色画出台面外左上
方两个角的高光。

Step 9

画出钻石台面的高光，完成
绘制。

阿斯切形切工白钻

Step 1

绘制纸稿，遵循左上方45°
打光原则，用浅灰色在台面
左上角画出钻石亭部的暗部。

Step 2

在钻石台面外的右下区域
画出背光面，并加强台面
内的暗部效果。

Step 3

用淡白色将钻石的受
光面提亮。

Step 4

用深灰色将钻石台面内阶梯
式的结构画出层次，加强暗
部区域的效果。

Step 5

用深灰色加强钻石台
面外的背光面的明暗
层次效果。

Step 6

将台面内的层次进行
强弱区分。

Step 7

用细勾线笔勾勒宝石的刻面
线条。

Step 8

用纯白色均匀涂抹钻石的
高光面。

Step 9

用淡白色将台面内右下区域提
亮，注意强弱变化，画出钻石
的高光，完成绘制。

梨形（水滴形）切工白钻

Step 1

画出底稿，遵循左上方 45°
打光原则，自然晕染钻石台
面左上方的暗部。

Step 2

绘制钻石台面外右下方的
暗部，形成与灰色底稿均
匀过渡的效果。

Step 3

用淡白色提亮钻石台面外左上方
和台面内右下方的亮部。

Step 4

丰富台面内的折射层次。

Step 5

在台面外的右下方用深灰
色涂暗，形成明暗交界线。

Step 6

加强台面内的层次对比。

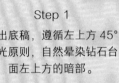

Step 7

用细勾线笔勾勒宝石的刻面
线条。

Step 8

用白色画出台面左上方两
个角的高光。

Step 9

画出钻石台面的高光，完成
绘制。

4.2.7 雷迪恩形切工黄钻

雷迪恩形切工黄钻

因为采用雷迪恩形切工需要用更丰富的层次来呈现宝石的效果，所以没有
采用常规的先用底色铺满的方式进行绘制。

Step 1

画出雷迪恩形的底稿。

Step 2

遵循左上方45°打光原则，在
台面外右下角用浅熟褐涂暗
（熟褐加水不加白色）。

Step 3

用深熟褐色晕染台面内左上方
的暗部。

Step 4

用中黄色加白色涂抹钻石左
上方的亮面。

Step 5

用浅色画出钻石受光区域
边界的折射面。

Step 6

用浅色提亮钻石台面内的
右下方。

Step 7

用纯白色画出钻石的高光。

Step 8

加强钻石台面外右下区域的暗部效果，
用纯白色勾勒宝石受光面的线条。

Step 9

画出钻石台面的高光，完成
绘制。

4.2.8 圆形切工黄钻

圆形切工黄钻

Step 1

画出圆钻底稿。

Step 2

用中黄色薄涂圆钻底色。

Step 3

遵循左上方45°打光原则，在
台面内左上方和台面外右下方
调和熟褐加赭石晕染。

Step 4

增强台面内左上方的折射面和
台面外右下方的暗部效果。

Step 5

增加左上方到右下方颜色
的强弱变化，丰富台面内
的层次。

Step 6

用纯白色画出台面外左上方的
高光区域。

Step 7

调和白色加中黄色，将
台面内的亮部加强，但
亮度低于主高光。

Step 8

用白色勾勒刻面线
条，线条粗细随亮部
和暗部自然变化。

Step 9

绘制台面重色部分的高光点，
完成绘制。

公主方形切工白钻

Step 1

画出公主方形钻石的底稿。
遵循左上方 45°打光原则，
用浅色晕染左上角的暗部。

Step 2

用灰色画出位于宝石右下方和
台面内左上方的暗部区域。

Step 3

用淡白色画出宝石受光面和
台面内右下角的亮部。

Step 4

用深灰色画出宝石台面内左
上方的暗部，根据钻石亭部
的结构进行层次划分。

Step 5

用深灰色画出台面外右下方的
暗部，形成明暗交界线。

Step 6

细化钻石台面内的层次结构，
用纯白色画出高光。

Step 7

用细勾线笔勾勒宝石的刻面
线条。

Step 8

用白色绘制出台面外左上方
的高光区域。

Step 9

绘制出宝石的高光点，完成
绘制。

4.3 蓝宝石的上色绘画技法

4.3.1 蓝宝石

蓝宝石

Sapphire

蓝宝石，是刚玉宝石中除红宝石外，
其他颜色刚玉宝石的通称，蓝宝石在泰国、
斯里兰卡、马达加斯加、老挝、柬埔寨、中国等国家或地区均有发现，
其中最稀有的应属克什米尔地区的蓝宝石，
而缅甸是现今出产上等蓝宝石最多的国家。

蓝宝石象征忠诚、坚贞、慈爱和诚实。星光蓝宝石又被称为"命运之石"，
能保佑佩戴者平安，并让人交好运。
蓝宝石以其晶莹剔透的质感被古代人蒙上神秘的超自然色彩，
被视为吉祥之物。在古埃及、古希腊和古罗马，蓝宝石就被用来装饰清真寺、
教堂和寺庙，并作为宗教仪式的贡品。
蓝宝石曾与钻石、珍珠一起成为英帝国国王、俄国沙皇皇冠上和礼服上不可缺少的饰物。
自从近百年宝石进入民间以来，蓝宝石跻身于世界五大珍辰石之列，是人们珍爱的宝石品种之一。

4.3.2 枕形切工蓝宝石

枕形切工蓝宝石

Step 1
画出蓝宝石的刻面结构。

Step 2
薄涂宝石底色。底色即体色，
决定了宝石的成品颜色。

Step 3
根据左上方 45° 打光原则，渲
染出宝石的明暗关系，加强暗
部效果。

Step 4
提亮宝石台面外左上方和台
面外右下方的亮部区域。

Step 5
根据宝石底部刻面，明确
台面内的明暗关系。

Step 6
按照宝石的切工，
勾画主要刻面线条。

Step 7
用白色提亮高光部分。

Step 8
在台面左上角区域用白色画出
宝石的反光点，并画出宝石的
投影，完成绘制。

4.3.3 圆形切工蓝宝石

圆形切工蓝宝石

Step 1

绘制底稿。

Step 2

薄涂蓝宝石的底色。

Step 3

遵循左上方45°打光原则，增强宝石的暗部效果，与底色均匀过渡。

Step 4

将台面内左上方的暗部和台面外右下方代表明暗交界线的对角颜色加重。

Step 5

调和蓝宝石底色和白色，将宝石的亮部提亮。

Step 6

由强到弱表现由台面左上方到右下方的颜色，丰富台面内的层次。

Step 7

画出宝石台面外左上方和台面内右下方的高光。

Step 8

用纯白色勾线，线条粗细随宝石的明暗变化调整。

Step 9

画出宝石台面的高光，完成绘制。

4.3.4 梨形（水滴形）切工蓝宝石

梨形（水滴形）切工蓝宝石

Step 1
薄涂宝石的底色。

Step 2
遵循左上方 45°打光原则，增强宝石的暗部效果，与底色均匀过渡。

Step 3
将宝石台面内左上方的暗部加重，与底色均匀过渡。

Step 4
用白色将宝石的亮部提亮。

Step 5
由强到弱绘制由左上方到右下方的颜色，丰富台面内的层次。

Step 6
将颜色遮住的铅笔底稿线条勾画清楚。

Step 7
用纯白色勾勒宝石的刻面线条，线条粗细随宝石的明暗变化调整。

Step 8
用纯白色画出宝石左上方的高光。

Step 9
画出宝石台面的高光点，完成绘制。

4.3.5 三角形切工橙色蓝宝石

三角形切工橙色蓝宝石

橙色蓝宝石是彩色蓝宝石家族的一员，其色彩呈鲜艳的橙色且略带红色，如果说
蓝色蓝宝石是深沉的浪漫，那么橙色蓝宝石代表的是浪漫与美好。

Step 1

用橘红色薄涂底色。

Step 2

遵循左上方45°打光原则，增
强宝石右下方的暗部效果。

Step 3

晕染宝石台面左上方的暗
部，与底色均匀过渡。

Step 4

用橘黄色绘制宝石的亮部。

Step 5

用铅笔画出被颜色遮盖的
宝石刻面。

Step 6

调和橘黄色和白色，画
出宝石台面内右下方的
折射区域。

Step 7

用细勾线笔勾勒宝石的刻面，亮面用纯白色
勾勒，并降低背光面的饱和度。

Step 8

用纯白色画出宝石的高光，以及
宝石台面上的高光点。

用橘黄色调提亮的效果图

薄涂亮部底色的效果图

三角形切工粉色蓝宝石

粉色蓝宝石是彩色蓝宝石家族的一员，以颜色甜美、柔和的气质著称。其色调比红宝石淡雅，
呈现一种娇艳可人的鲜粉红色，淡雅的色彩让人联想到樱花的美好。

Step 1

薄涂粉色宝石的底色。

Step 2

遵循左上方45°打光原则，增
强宝石暗部的晕染效果，与底
色均匀过渡。

Step 3

丰富台面内左上方和台面外右
下方暗部的层次。

Step 4

画出台面外右下方两个对角
的暗部，形成明暗交界线。

Step 5

用淡白色画出宝石台面内
右下方的亮部区域。

Step 6

在台面内，由强到弱，表现由
左上方到右下方的颜色，以丰
富台面的层次。

Step 7

用淡白色提亮台面内右下方
的亮部。

Step 8

用细勾线笔勾勒宝石的刻
面线条。

Step 9

画出宝石台面的高光点，完成
绘制。

4.4 红宝石的上色绘画技法

4.4.1 枕形切工红宝石

枕形切工红宝石

红宝石是指颜色呈红色的刚玉，呈透明至半透明状。因其成分中含铬而呈红或粉红色，含量越高颜色越鲜艳。血红色的红宝石最受人们珍爱，俗称"鸽血红"。通常红宝石的色彩越纯正、越浓艳，品质和价值就越高。

Step 1

用大红色薄涂宝石的底色。

Step 2

遵循左上方45°打光原则，画出宝石的暗部，与底色均匀过渡。

Step 3

用底色调和白色，将宝石的亮部提亮。

Step 4

增强台面内左上方的暗部效果，勾勒出台面内阶梯式切工线条。

Step 5

用铅笔勾勒台面外的明亮式切工的风筝面。

Step 6

用细勾线笔勾勒宝石的刻面线条。

Step 7

画出宝石的高光，表现强弱层次。

Step 8

画出宝石台面的高光点和反光区域，完成绘制。

4.4.2 心形切工红宝石

心形切工红宝石

Step 1

用大红色将宝石底色涂均匀。

Step 2

遵循左上方 45°打光原则，画出位于宝石右下方的暗部。

Step 3

用深红色画出台面内左上角的暗部区域，颜色从左上角向下由深变浅，自然过渡。

Step 4

用深红色将台面内宝石底部的折射区域的层次划分清楚。

Step 5

用浅红色自然晕染宝石台面外的左上方和台面内的右下方，与底色自然融合。

Step 6

用细勾线笔蘸白色，画出宝石的刻面线条，线条粗细随明暗区域变化。

Step 7

调和红色和白色，画出宝石底部折射到台面的亮部区域。

Step 8

用纯白色画出位于宝石左上方的高光面和台面内的高光点，完成绘制。

4.4.3 梨形（水滴形）切工红宝石

梨形（水滴形）切工红宝石

Step 1

用大红色薄涂宝石的底色。

Step 2

遵循左上方 45°打光原则，
画出宝石的暗部区域，颜
色与底色自然融合。

Step 3

加强明暗对比，塑造宝石的立
体效果。

Step 4

用白色将宝石台面内右下方
的亮部提亮，增强台面内左
上方的暗部效果。

Step 5

用细勾线笔勾勒宝石的刻
面线条。

Step 6

画出宝石台面的高光和反光
区域，完成绘制。

4.5 碧玺的上色绘画技法

4.5.1 碧玺

碧 玺

Tourmaline

碧玺的英语名称 Tourmaline 由古僧伽罗（锡兰）语 Turmali 一词衍变而来，意思为"混合宝石"。
碧玺又称"愿望石"，自身具有微弱的能量，是倾向吸收性的宝石。
因为"碧玺"与"避邪"谐音，所以常被人们看作纳福驱邪的宝石。

1500 年，一支葡萄牙勘探队在巴西发现一种闪耀着七彩霓光的宝石，像是彩虹从天上射向地心，这种宝石被后
人称为"碧玺"，亦被誉为"落入人间的彩虹"。

传说碧玺特别受慈禧太后的喜爱，在其殉葬品中就有很多碧玺首饰，其中不乏西瓜碧玺这样的珍贵品种，
碧玺是一品和二品官员顶戴花翎的装饰材料之一，也用来制作他们佩戴的朝珠。

碧玺可以帮助人缓解疲劳、紧张的情绪，可以使人集中精力。

4.5.2 枕形切工卢比来碧玺

枕形切工卢比来碧玺

卢比来碧玺在五彩缤纷的碧玺家族中光彩耀人，其明亮、美丽的颜色俘获了众多芳心。卢比来碧玺色彩浓艳瑰丽，有吉祥喜庆的寓意。

Step 1
薄涂宝石底色。

Step 2
遵循左上方45°打光原则，增强宝石的暗部效果，与底色均匀过渡。

Step 3
绘制出宝石台面内左上方的暗部，与底色均匀过渡。

Step 4
调和底色和白色，将宝石的亮部提亮。

Step 5
勾勒台面内的刻面，暗部用深色，亮部用淡白色。

Step 6
用细勾线笔勾勒宝石刻面的线条。

Step 7
画出宝石左上方的高光，注意表现高光的强弱层次。

Step 8
画出宝石台面的高光点和折射面，完成绘制。

4.5.3 雷迪恩形切工西瓜碧玺

雷迪恩形切工西瓜碧玺

Step 1

用绿色薄涂宝石的上半部分。

Step 2

用中黄色晕染宝石的中部。

Step 3

用大红色晕染宝石的下半部分。

Step 4

遵循左上方 45°打光原则，画出宝石的暗部。

Step 5

用淡白色将宝石台面内右下部分提亮。

Step 6

用淡白色勾勒宝石右下部分的刻面。

Step 7

用纯白色勾勒宝石亮部的线条，降低饱和度勾勒宝石的暗部线条，画出宝石台面左上方的高光。

Step 8

画出宝石台面的高光点，完成绘制。

4.5.4 椭圆形切工帕拉伊巴碧玺

椭圆形切工帕拉伊巴碧玺

帕拉伊巴碧玺呈鲜艳的蓝绿色,能闪耀出电光石火般的霓光,色泽独特,令人心醉。

Step 1

薄涂宝石底色。

Step 2

遵循左上方 45°打光原则，画出宝石台面内左上方的暗部。

Step 3

晕染宝石台面外右下方的暗部，与底色均匀过渡。

Step 4

调和底色和白色，将宝石的亮部提亮。

Step 5

增强宝石台面内左上方和台面外右下方的暗部效果。

Step 6

丰富宝石台面的层次，使从左上方到右下方的颜色呈由强到弱的变化。

Step 7

用淡白色将宝石台面内的右下方提亮。

Step 8

用纯白色勾勒宝石亮部的刻面线条，用淡白色勾勒暗部线条。

Step 9

画出宝石的主高光区域和台面上的反光效果，完成绘制。

4.5.5 马眼形切工茶色碧玺

马眼形切工茶色碧玺

Step 1

用大红色薄涂宝石的底色。

Step 2

遵循左上方45°打光原则，
画出宝石的暗部，与底色
均匀过渡。

Step 3

加强明暗对比，塑造宝石
的立体效果。

Step 4

用底色调和白色，将宝石的
亮部提亮，增强台面内左上
方的暗部效果。

Step 5

用细勾线笔勾勒宝石的刻
面线条。

Step 6

画出宝石台面的高光和
反光，完成绘制。

4.6 不同种类的刻面宝石的上色绘画技法

4.6.1 枕形切工紫水晶

枕形切工紫水晶

紫水晶的颜色主要包括淡紫色、紫红、深红、大红、深紫、蓝紫等，以深紫红和
大红为佳。天然紫水晶通常会有天然冰裂纹或白色云雾杂质。

Step 1

薄涂宝石的底色。

Step 2

遵循左上方 45°打光原则，
画出宝石的暗部区域，与
底色均匀过渡。

Step 3

增加台面内暗部的层次。

Step 4

用淡白色晕染宝石台面内右
下方区域的亮部。

Step 5

进一步丰富宝石台面的层
次，使从左上方到右下方呈
现由强到弱的层次变化。

Step 6

用细勾线笔勾勒宝石的刻面
线条，并增强高光的表现力，
完成绘制。

4.6.2 马眼形切工沙弗莱

马眼形切工沙弗莱

沙弗莱是石榴石家族中钙铝榴石的一员，其色彩通透，凭借清新自然、沁人心脾、
娇艳翠绿的感官效果，一经发现迅速成为宝石界的新贵。

Step 1

薄涂宝石的底色。

Step 2

遵循左上方45°打光原则，
晕染宝石的暗部，与底色
均匀过渡。

Step 3

丰富台面内暗部的层次，
画出右下方的明暗交界线。

Step 4

用淡白色晕染宝石台面内右
下方的亮部。

Step 5

在台面内由左上方到右下
方画出宝石的层次，颜色
由强到弱自然变化。

Step 6

用细勾线笔勾勒宝石的刻
面线条和高光，完成绘制。

祖母绿形切工祖母绿

祖母绿的颜色十分诱人，有人用菠菜绿、葱心绿、嫩树芽绿来形容它，但都无法准确表达它的颜色。
它绿中带黄，又似乎带蓝。无论在人造光源还是自然光源下，它总能发出柔和而浓艳的光芒，
这就是绿色宝石之王——祖母绿的魅力所在。
画祖母绿形切工宝石的步骤和雷迪恩形切工宝石类似，阶梯式切工的颜色层次丰富，明暗分明，
所以采用局部上色的方式进行绘画即可。

Step 1	Step 2	Step 3
调和祖母绿的底色画出宝石的亮部，用底色加白色画出宝石台面内的亮部。	遵循左上方45°打光原则，调暗颜色，画出祖母绿台面左上方的背光面。	调暗颜色，画出祖母绿右下方的暗部。

Step 4	Step 5	Step 6
将暗部区域的刻面效果加强，丰富宝石层次。	进一步丰富宝石台面的层次，画出宝石左上方亮部的高光。	用纯白色勾勒宝石亮部的刻面，用深色勾勒宝石暗部的刻面和台面内的龙骨线。

Step 7	Step 8	Step 9
通过深浅的层次间隔，将台面内部的层次从中心线两侧各分为3层。理论依据是阶梯状切工的宝石腰楞以下的厚度比冠部更厚，所以折射到台面的层数更多。	将台面内部的右半部分进行更明确的层次划分，可以适当添加较浅的中黄来使祖母绿的颜色看起来更丰富，色调也可以依据宝石的个体差异进行调整。	在台面画出与左上方45°角光线的相垂直的白色半透明反光和圆形的纯白高光，以及宝石侧面的辅助光感的反光，完成绘制。

4.6.4 梨形（水滴形）切工海蓝宝石

梨形（水滴形）切工海蓝宝石

Step 1

薄涂宝石底色。

Step 2

遵循左上方45°打光原则，画出
宝石台面内左上方的暗部。

Step 3

用调和的暗色画出宝石台
面外右下方的暗部。

Step 4

增强暗部的刻面效果，丰富
台面内的明暗层次。

Step 5

晕染台面内右下方的亮部。

Step 6

将台面内的层次绘制均匀，
由左上方到右下方的颜色
呈由强到弱的变化。

Step 7

用纯白色勾勒宝石的刻面
线条。

Step 8

用纯白色画出宝石台面外左上
方的主高光。

Step 9

用纯白色画出台面内的高
光点，完成绘制。

雷迪恩形切工海蓝宝石

Step 1

薄涂宝石的底色。

Step 2

遵循左上方 45°打光原则，
画出宝石的暗部。

Step 3

调和天蓝和白色，将宝石
的受光面提亮，同时增强
宝石右下方的暗部效果。

Step 4

丰富宝石的阶梯层次，将亮
部的刻面效果增强。

Step 5

用白色勾勒宝石亮部的刻面
线条。

Step 6

用白色勾勒台面内的阶梯
层次。

Step 7

画出宝石暗部的层次，区分强弱
和反光。

Step 8

画出宝石台面内的高光和反光
区域，完成绘制。

三角形切工尖晶石

Step 1

薄涂宝石的底色。

Step 2

遵循左上方 45°打光原则，
画出宝石的暗部。

Step 3

画出宝石台面内左上方和
台面外右下方的暗部。

Step 4

用淡白色晕染宝石台面内右
下方的亮部区域。

Step 5

画出宝石台面的层次效果。

Step 6

用细勾线笔勾勒宝石刻面
的线条，画出宝石的主高
光和台面的反光效果，完
成绘制。

枕形切工锰铝石榴石

锰铝石榴石是石榴石宝石中重要的品种之一，有红、橙红、棕红、玫瑰红、橙黄、浅玫红等多种颜色，其中以橙红、橙黄为美，呈玻璃至树脂光泽，透明至半透明状。

Step 1
薄涂宝石的底色。

Step 2
遵循左上方 45°打光原则，画出宝石的暗部。

Step 3
画出宝石台面内左上方的暗部和台面外右下方的暗部，形成明暗交界线。

Step 4
用淡白色晕染宝石台面的右下方区域。

Step 5
将宝石台面内的层次绘制均匀，颜色从左上方到右下方呈由强到弱的变化效果。

Step 6
用细勾线笔勾勒宝石刻面的线条，再画出宝石的主高光和台面的反光区域，完成绘制。

4.7 配石的上色绘画技法

配石是珠宝设计中的重要组成部分，有了配石的陪衬才能够彰显主石的中心地位，令整个设计熠熠生辉，让佩戴者更显美丽高贵。白色小颗钻石是设计中最常用的配石之一，初学者在绘制小钻的过程中通常会遇到几个困扰：不知道怎么勾画刻面结构；不知道怎么体现透视关系；不知道小钻的排列和镶嵌结构。因此，我们将从以下几个方面讲解配石的绘制方法。

4.7.1 配石的绘画表现

● 1 ～ 1.5mm 的配石：由于体积小，无法细化小钻的结构，可以采用整颗涂白色的方法绘制。

● 1.5 ～ 2mm 的配石：留出一些绘画空间，用白色绘制小钻的台面，台面的白点不能贴到轮廓线上，否则会显得很像珍珠。

● 2 ～ 2.5mm 的配石：有空间可以展现小钻的明暗关系，遵循左上方 45° 打光原则，画出台面内外部的明暗关系，在台面内左上方的暗部点出高光。

● 2.5 ～ 3mm 的配石：不仅可以展现小钻的明暗关系，还可以画出部分刻面线条，前文讲过小钻的刻面是由两个正方形错位叠加，将直线演变成曲线而来的，绘制时可以保留左上方受光面的几根线条。

● 3.5mm 以上的配石：可以绘制完整的钻石结构，或许实际作图时无法表现得很规整，但明暗关系明确，节奏恰到好处也是一种风格。

4.7.2 梨形（水滴形）配钻的绘制方法

水滴形配钻的尺寸通常较大，有空间可以画出明暗关系，所以列举的绘画方式有 3 种：第一种，只勾画宝石刻面；第二种，画出明暗关系；第三种，在画出明暗关系的基础上勾勒宝石的刻面线条。

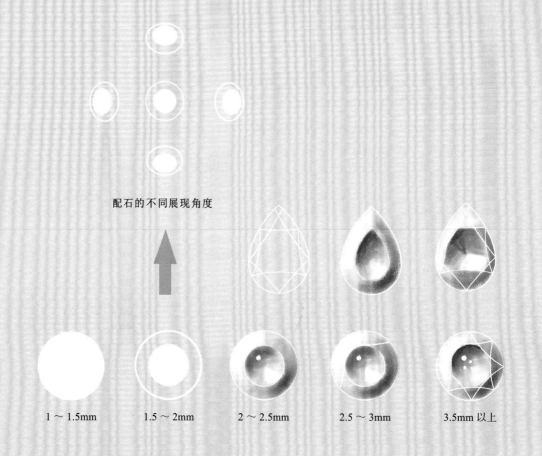

配石的不同展现角度

| 1～1.5mm | 1.5～2mm | 2～2.5mm | 2.5～3mm | 3.5mm 以上 |

4.7.3 配石的光影关系

一般来说，无论配石的位置如何变化，光影关系都是基本固定的，不会随着位置和角度的改变而变化。

在初学者绘制的作品中，出现最多问题的是异形小钻，珠宝手绘中遵循的是左上方 45° 的统一光源原则，所以体现在异型配石的上色上，明暗关系是不会随着石头角度或位置的改变而发生变化的，台面内的暗部在左上方，台面外的暗部在右下方，这一点不会改变。

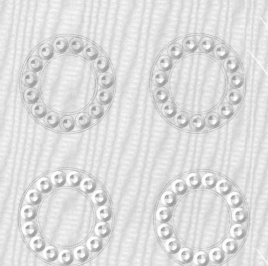

宝石的明暗关系是固定的，在角度发生
变化的时候，每个梨形钻石的光影关系不会
随光源发生改变。

错误示范

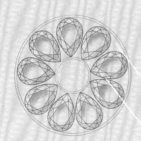

正确师范

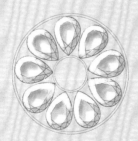

4.7.4 配石透视角度的表现方法

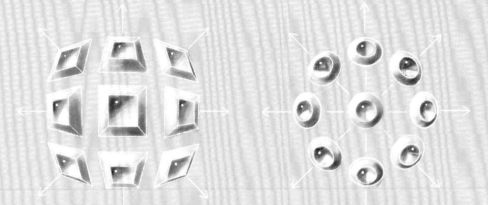

多角度方钻的光影关系   多角度圆钻的光影关系

　　左上方 45° 光源不变，当镶嵌的配石角度发生变化时，在符合透视关系的前提下，画出每一个配石的明暗关系，如下图所示。

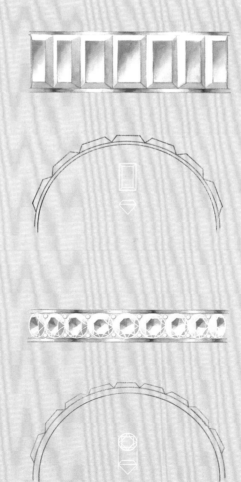

从俯视角度观察，绘制镶嵌的配石时需要根据弧线的高低表现透视关系，越接近中心线的长方形配石越对称。圆钻是正圆形的，随着两侧位置发生偏移，钻石台面的朝向也随之发生改变，长方钻的宽度发生改变，圆钻的外形则越来越接近椭圆，刻面的结构和光影关系的位置也在随之发生变化。

4.7.5 排镶圆形小钻绘制方法

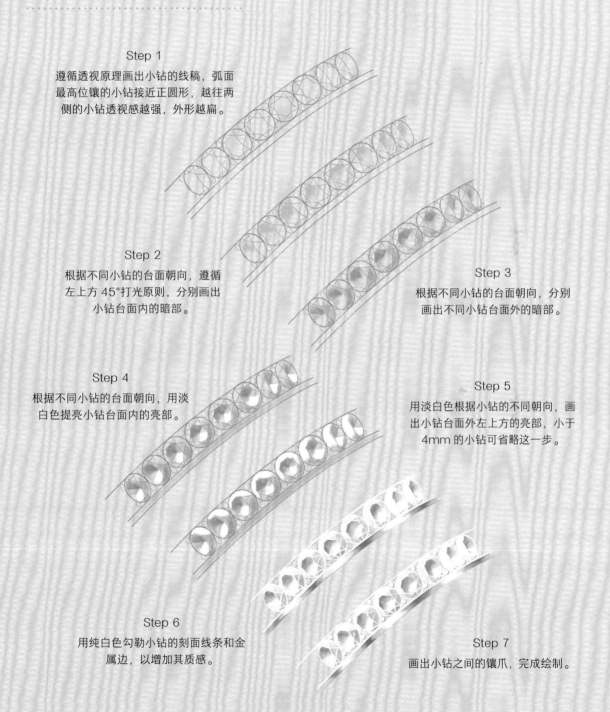

Step 1
遵循透视原理画出小钻的线稿，弧面最高位镶的小钻接近正圆形，越往两侧的小钻透视感越强，外形越扁。

Step 2
根据不同小钻的台面朝向，遵循左上方45°打光原则，分别画出小钻台面内的暗部。

Step 3
根据不同小钻的台面朝向，分别画出不同小钻台面外的暗部。

Step 4
根据不同小钻的台面朝向，用淡白色提亮小钻台面内的亮部。

Step 5
用淡白色根据小钻的不同朝向，画出小钻台面外左上方的亮部，小于4mm的小钻可省略这一步。

Step 6
用纯白色勾勒小钻的刻面线条和金属边，以增加其质感。

Step 7
画出小钻之间的镶爪，完成绘制。

4.7.6 排镶祖母绿形小钻的绘制方法

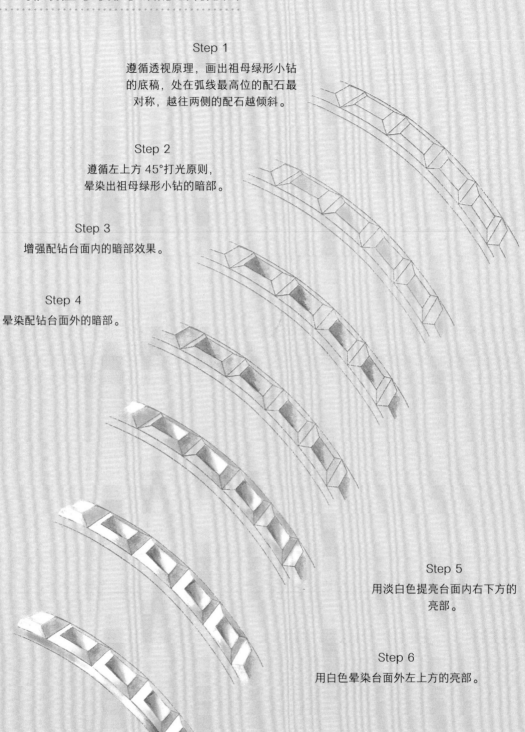

Step 1

遵循透视原理，画出祖母绿形小钻
的底稿，处在弧线最高位的配石最
对称，越往两侧的配石越倾斜。

Step 2

遵循左上方 45°打光原则，
晕染出祖母绿形小钻的暗部。

Step 3

增强配钻台面内的暗部效果。

Step 4

晕染配钻台面外的暗部。

Step 5

用淡白色提亮台面内右下方的
亮部。

Step 6

用白色晕染台面外左上方的亮部。

Step 7

用白色勾勒亮部的线条，画出镶嵌
配钻金属的亮部质感，完成绘制。

4.7.7 群镶圆形小钻的绘制方法

　　绘制群镶小钻不采用一颗画完整再去画下一颗的方法，这样不仅绘制速度慢，而且还会使画面不统一。在画小钻暗部的时候把所有配石的暗部统一绘制完成，勾线时所有配石一次性画完，这样绘画出来的配石整齐且美观。

群镶圆形小钻

Step 1
画出小钻的线稿。

Step 2
统一晕染小钻台面内左上
方的暗部。

Step 3
统一画出小钻台面外右
下方的暗部。

Step 4
逐一晕染宝石的亮部。

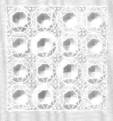

Step 5
用细勾线笔勾勒宝石的刻面
和轮廓，最后绘制出镶嵌小
钻的小爪，完成绘制。

Part 5

素面宝石
手绘效果图技法

5.1 素面宝石的上色原理

5.1.1 通透型素面宝石

常见的通透型素面宝石有红蓝宝石、祖母绿、碧玺、水晶以及高品质的翡翠等，它们的特点是晶体的透明度高、形成结构的颗粒细腻、分子之间的结构紧密，所以素面宝石和刻面宝石一样，存在折射和反射这两种光学现象。

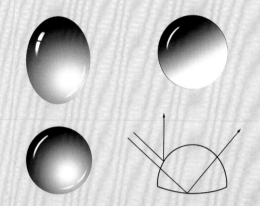

通透型素面宝石的暗部在其左上角，从左上方向右下方，宝石呈由暗到亮的渐变效果，无明显的分界线。

5.1.2 不通透型素面宝石

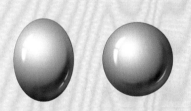

不通透型素面宝石和通透型素面宝石有相反的光影关系，不通透型宝石不具备折射效应，所以只会反射光，且不同种类的宝石会反射不同颜色的光。不通透型素面宝石的光影关系是由左上方的亮面逐渐过渡到右下方的暗部的，在中灰面和暗部的结构转折处呈现明暗交界线，物体的背光面会出现反光，受光面出现高光，明暗交界线是既不受光也不会出现反光的区域。

5.1.3 宝石高光的各种形态

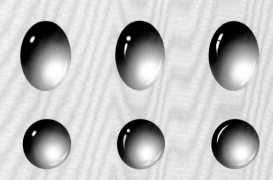

5.2 不同种类素面宝石的上色技法

5.2.1 蓝宝石

蓝宝石

Step 1
画出宝石的蛋形轮廓。

Step 2
调和蓝色和中黄,薄涂琥
珀底色。

Step 3
遵循左上方45°打光原则,
把左上方暗部区域晕染成
重色。

Step 4
底色调和白色,画出右下方
的亮色区域。

Step 5
用深灰色画出宝石内部的
天然包体。

Step 6
用白色画出位于左上方的
高光,完成绘制。

琥 珀

琥珀是一种透明的生物化石，是松柏科、云实科、南洋杉科等植物的树脂化石。
琥珀质地温润，光泽度与晶莹度极好。琥珀的形状多种多样，表面及内部常保留着当初
树脂流动时产生的纹路，内部可见气泡及动物或植物的碎屑。

Step 1
画出琥珀的蛋形轮廓。

Step 2
调和橘色和中黄，薄涂琥
珀底色。

Step 3
遵循左上方 45°打光原则，将
左上方暗部区域晕染成重色。

Step 4
用底色调和白色，画出右下
方的亮色区域。

Step 5
用深灰色画出宝石内部的
天然包体。

Step 6
用白色画出位于左上方
的高光，完成绘制。

星光蓝宝石

当蓝宝石内部有大量的金红石矿物时，将其打磨成凸面宝石，顶部会呈现六道星芒，这样的蓝宝石被称作"星光蓝宝石"。星光蓝宝石有"命运之石"的美誉，佩戴它可以带来好运。

Step 1

薄涂宝石底色。

Step 2

晕染宝石的中间区域。

Step 3

将宝石中间区域的晕染效果加强，形成由中心向边缘的颜色呈由浅到深的变化。

Step 4

画出宝石边缘的反光效果。

Step 5

画出宝石的星线，由中心向边缘逐渐变窄。

Step 6

画出宝石的反光点，完成绘制。

5.2.4 星光红宝石

星光红宝石

星光红宝石是具有星光效应的红宝石，通常是不透明或微透明的，星光红宝石含大量金红石包体，加工成弧面宝石后会呈现六射星光，偶尔可见双星光，即十二射星光。

Step 1

薄涂宝石底色。

Step 2

晕染宝石的中间区域。

Step 3

将宝石中间区域的晕染效果加强，形成由中心向边缘的颜色呈由浅到深的变化。

Step 4

画出宝石边缘的反光效果。

Step 5

画出宝石的星线，由中心向边缘逐渐变细。

Step 6

画出宝石的反光点。

金绿猫眼石

金绿猫眼石即具有猫眼效应的金绿宝石，它是珠宝中稀有而名贵的品种，既能变色又有猫眼现象。猫眼石有各种各样的颜色，如蜜黄、褐黄、酒黄、棕黄、黄绿、黄褐、灰绿等，其中以蜜黄色最为名贵。

Step 1

画出猫眼石的轮廓。

Step 2

画出猫眼石的两种底色，遵循左上方 45°打光原则，所以左侧颜色偏重，右侧颜色偏浅。

Step 3

加强左侧上部的暗部效果，整体采用橘红色调。

Step 4

在右下部画出明暗交界线，在两侧颜色交会处画出眼线的轨迹。

Step 5

用淡白色加强眼线效果，眼线中间宽，上下两端逐渐变窄。

Step 6

用纯白色勾勒眼线中心位置最亮的线条，以及右侧边缘的反光效果，完成绘制。

5.2.6 葡萄石

葡萄石

由于葡萄石的矿物晶体多呈钟乳状或葡萄球状，形似让人垂涎欲滴的葡萄，因此被称作
葡萄石。葡萄石色泽淡绿且带莹光，包括深绿、灰绿、绿、黄绿、黄和无色等多种颜色，
质量好的葡萄石可作宝石，这种宝石也被称为"好望角祖母绿"。

Step 1
薄涂黄绿色调的底色。

Step 2
在宝石蛋面的左上方区域用
重色晕染，由左上方向右下
方自然过渡衔接。

Step 3
在右下方亮部区域，用底色
加少许白色和柠檬黄晕染。

Step 4
用白色进一步提亮右下方的
亮部区域。

Step 5
沿着宝石的轮廓，画出暗
部的反光效果。

Step 6
用纯白色画出葡萄石的主
高光，完成绘制。

5.2.7 发晶

发 晶

发晶是水晶家族的成员，因为包含了不同种类针状矿石的包体，所以被称为"发晶"。

Step 1

画出发晶的轮廓。

Step 2

用佩恩灰，由宝石左上方
向右下方晕染，颜色由深
到浅自然过渡。

Step 3

用淡白色薄涂在右下侧的
亮色区域，与左上部分的
佩恩灰均匀晕染。

Step 4

调和中黄和橘黄，依据针状包
体的位置分布情况画出发丝，
发丝的走向参照实物绘制。

Step 5

调和中黄和橘黄再加白
色，勾勒出金色发丝包体
的明暗关系。

Step 6

沿着发晶的轮廓走向画出
高光和反光，完成绘制。

5.2.8 月光石

月光石

Step 1

画出水滴形月光石的轮廓，用浅紫色从宝石的左上方向右下方逐渐晕染，颜色由深到浅自然过渡。

Step 2

用深蓝色从宝石的左上方到右下方晕染，颜色由深到浅自然过渡。

Step 3

用浅蓝色画出位于宝石左上方的深色和右下方的浅色。

Step 4

用浅蓝色加少许白色，将宝石右下方区域提亮。

Step 5

用白色画出位于宝石左上方的高光，叠加在蓝色底色之上。

Step 6

调整细节，加强明暗关系对比，最后画出宝石的阴影，完成绘制。

5.3 不通透型素面宝石的上色技法

5.3.1 红珊瑚

红珊瑚

红珊瑚属于有机宝石，色泽喜人，质地莹润，与珍珠、琥珀并列为三大有机宝石。红珊瑚的颜色是一种鲜活、生动的红色，以深红色、火红色为主，也有一些呈桃红色。

Step 1

用大红色加少许赭石，画出红珊瑚蛋面的底色。

Step 2

遵循左上方 45°打光原则，用深红色画出红珊瑚蛋面的暗部，并向中心逐渐晕染。

Step 3

用浅红色在珊瑚蛋面左上方的受光面画出亮部区域。

Step 4

用深红色加强红珊瑚蛋面的明暗交界线。

Step 5

用淡白色画出暗部的反光，反光的形状沿着轮廓绘制。

Step 6

用白色画出位于受光面的高光，高光的饱和度由中间向两侧逐渐减弱，完成绘制。

珊瑚枝

Step 1

画出珊瑚枝的轮廓。

Step 2

用大红色加少许赭石，画出珊瑚枝的底色。

Step 3

用浅色晕染珊瑚枝末梢的颜色。

Step 4

用朱红色加白色将珊瑚枝末梢的颜色提亮，形成与底色均匀过渡的效果。

Step 5

遵循左上方 45°打光原则，用大红色调和深蓝，画出珊瑚枝的暗部。

Step 6

用纯白色画出珊瑚枝的高光，高光的强弱跟随珊瑚表面的高低起伏变化，完成绘制。

5.3.3 粉珊瑚花

粉珊瑚花

Step 1

画出珊瑚花的底稿。

Step 2

调和红色和白色，薄涂珊瑚花的底色。

Step 3

遵循左上方45°打光原则，调暗色画出粉珊瑚花的暗部，并加重层叠缝隙的颜色。

Step 4

加强暗部的投影效果，丰富暗部的层次。

Step 5

用底色加白色，提亮珊瑚花的受光面。

Step 6

进一步加强明暗对比效果，丰富花瓣之间的明暗层次。

Step 7

在暗部区域涂画橘红色，使花朵丰富饱满。

Step 8

用白色画出花瓣的边缘和亮部区域。

Step 9

修正细节，画出反光区域，完成绘制。

5.3.4 青金石

青金石

青金石会呈现玻璃光泽至油脂光泽，有深蓝色、紫蓝色、天蓝色、绿蓝色等多种颜色，
是天然蓝色颜料的主要原料之一。

Step 1

用群青画出青金石蛋面
的底色。

Step 2

遵循左上方 45°打光原则，
用群青加大红调出深色，绘
制蛋面的暗部区域，并向中
心逐渐晕染。

Step 3

用灰色加少许黄色，根据所画
蛋面的条状构造，画出不规则
分布的方解石，俗称"白棉"。

Step 4

用中黄色加白色，画出分布
在青金石表面的黄色星点
（黄铁矿）。

Step 5

用浅蓝色，沿轮廓画出位于青
金石暗部的反光。

Step 6

用白色画出青金石蛋面左上方
亮部的高光，高光的饱和度由
上向下逐渐减弱，完成绘制。

蜜 蜡

蜜蜡是琥珀的一种，不透明或半不透明的琥珀被称作"蜜蜡"。其质地脂润，色彩缤纷，颜色呈蛋清色、米色、浅黄色、鸡油黄、橘黄色等，以黄色系为主要颜色。

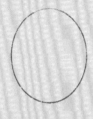

Step 1

用铅笔画出蜜蜡蛋面的轮廓。

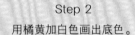

Step 2

用橘黄加白色画出底色。

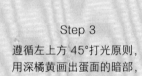

Step 3

遵循左上方 45°打光原则，用深橘黄画出蛋面的暗部，并向中心逐渐晕染。

Step 4

用淡白色沿着轮廓画出暗部的反光。

Step 5

用淡白色画出位于蜜蜡表面的不规则白蜡。

Step 6

用白色画出蜜蜡的高光，高光的饱和度由中间向两侧逐渐减弱，完成绘制。

绿松石

绿松石因其形似松球，色近松绿而得名。绿松石质地细腻、柔和，硬度适中，色彩娇艳柔媚，因所含元素不同，颜色也有差异，氧化物中含铜多时呈蓝色，含铁多时呈绿色。其颜色主要有天蓝色、淡蓝色、绿蓝色、绿色、带绿的苍白色等。颜色均一，光泽柔和，无褐色铁线的绿松石质量最好。

Step 1

用铅笔画出绿松石蛋面的椭圆形轮廓。

Step 2

用天蓝加白色薄涂绿松石蛋面的底色。

Step 3

遵循左上方45°打光原则，用深蓝色画出蛋面的暗部，并向中心逐渐晕染。

Step 4

用浅蓝色加白色沿绿松石的轮廓画出位于暗部的反光。

Step 5

用白色画出位于宝石左上方的高光，高光的饱和度由中间向两侧逐渐减弱。

Step 6

用佩恩灰画出位于宝石表面的不规则黑色铁线，形态参照实物绘制即可，完成绘制。

5.3.7 白欧泊

白欧泊

白欧泊是指透明到微透明有变彩或有特殊的闪光效应的宝石。白欧泊的颜色包括白色、浅灰色、淡黄色、淡蓝灰色、浅蓝色等，具有虹彩现象。当组成虹彩颜色的范围分布均匀，且呈轮廓清晰的多角、多边形图案时，称为"斑色白欧泊"。

Step 1

画出白欧泊的轮廓。

Step 2

用深蓝色薄涂白欧泊的暗部，增加白欧泊的水润感。

Step 3

用浅紫色勾勒白欧泊轮廓，颜色随明暗关系变化。

Step 4

用淡蓝色和紫色晕染白欧泊的底色。

Step 5

用深色晕染底色，形成层次感。

Step 6

绘制白欧泊的变彩效果时应遵循两个原则：第一，由深到浅，蓝紫色叠在底下；第二，由薄到厚，底层用蓝紫色薄涂，上层用黄绿色逐渐调厚，这会让宝石的火彩看起来更自然。

Step 7

逐层叠加白欧泊的火彩，宝石边缘用浅橘红晕染，凸显宝石的丰富层次。

Step 8

叠加高明度、高饱和度的颜色。

Step 9

画出宝石的高光，完成绘制。

5.3.8 火欧泊

火欧泊

火欧泊呈透明到半透明状，其色彩一般呈橘色、橘红色、红色等。

Step 1

用橘红薄涂火欧泊底色。

Step 2

遵循左上方45°打光原则，沿着火欧泊轮廓的起伏画出暗部。

Step 3

晕染明暗颜色。

Step 4

用饱和度较高的橘黄色晕染火欧泊的亮部。

Step 5

火欧泊的颜色叠加顺序为橘黄色在先，蓝绿色在后。

Step 6

逐渐叠加丰富的颜色，叠涂蓝绿色调。

Step 7

提升叠加色调的明度，用天蓝加白色提升火欧泊的火彩。

Step 8

用黄色提亮火欧泊的亮部，加强暗部黄色的反光。

Step 9

用白色画出火欧泊的高光，完成绘制。

5.3.9 黑欧泊

黑欧泊（1）

黑欧泊泛指黑色或灰色并有变彩效应的贵蛋白石，是欧泊中的名贵品种。黑欧泊
并不是完全黑色的，只是相比胚体色调较浅的欧泊来说，它的胚体色调比较深，
而且黑欧泊的胚体有明亮的彩色色调。

Step 1

根据黑欧泊的体色，薄涂宝
石底色。

Step 2

根据黑欧泊不同颜色的火彩，
画出其中一种颜色的火彩，颜
色由深至浅。

Step 3

叠加其他颜色的火彩，颜色
由深至浅。

Step 4

继续叠加其他颜色的火彩，
颜色由深至浅。

Step 5

继续叠加其他颜色的火彩，同
时注意调整火彩的大小、间距
等，画出层次感。

Step 6

画出黑欧泊的高光和反光
区域，完成绘制。

黑欧泊（2）

Step 1

根据黑欧泊的体色，薄涂宝石底色。

Step 2

根据黑欧泊不同颜色的火彩，画出其中一种颜色的火彩，颜色由深至浅。

Step 3

叠加其他颜色的火彩，颜色由深至浅。

Step 4

继续叠加其他颜色的火彩，颜色由深至浅。

Step 5

继续叠加其他颜色的火彩，同时注意调整火彩的大小、间距等，画出层次感。

Step 6

画出黑欧泊的高光和反光区域，完成绘制。

5.3.10 和田玉

和田玉

和田玉是中国四大名玉之一，秦始皇统一中国的时候，
和田玉因产于昆仑山而得名"昆山之玉"。

Step 1

用半透明的白色薄涂底色。

Step 2

根据明暗关系，用浅灰色画出
宝石的暗部区域。

Step 3

用中黄和赭石，画出和田玉的
糖皮。

Step 4

用细勾线笔勾勒雕刻的造
型和轮廓。

Step 5

加强明暗关系。

Step 6

调整细节，形成高低起伏的
层次，完成绘制。

5.4 翡翠

翡翠

Jadeite

在古代，"翡翠"是一种生活在南方的鸟，其毛色十分美丽，通常有蓝、绿、红、棕等颜色。一般这种鸟
雄性的为红色，谓之"翡"，雌性的为绿色，谓之"翠"。
缅甸是世界翡翠出产最丰富的国家，且以玉石优质闻名。清代以后，从缅甸进贡来的缅甸玉开始
风靡皇宫，皇帝、皇后以及后宫的妃子用的碗筷、盆盂、盒子等日用品大多都是翡翠制品。

翡翠平安扣

Step 1

用铅笔画出平安扣的外形，将平安扣下半部分晕染成偏绿的底色，此步骤与第二步无先后顺序，绿色的调和以翡翠实物为准。此平安扣偏阳绿，所以调色方法是 80% 的黄绿加 20% 的翠绿。

Step 2

用少许蓝绿色将平安扣上半部分的底色铺满，两种色调之间均匀过渡。根据所绘实物，上半部分的底色用绿翠加少许天蓝，再加入白色。

Step 3

用深绿色和深蓝色画出平安扣的暗部，均匀晕染两大色块，根据实物的形体起伏画出平安扣的明暗关系。

Step 4

用明暗关系，增强宝石的起伏感。

Step 5

用原有的底色加入白色，画出翡翠受光面的颜色。

Step 6

画出翡翠的飘花，飘花的颜色要比底色纯度高一些。

Step 7

画出反光区域，增加宝石的通透感。

Step 8

在受光面的区域画出主次分明的高光，完成绘制。

109

5.4.2 翡翠观音

翡翠观音

Step 1

画出翡翠观音的线稿。

Step 2

遵循左上方 45°打光原则，在左
上方晕染出暗部。

Step 3

根据所绘实物增强翡翠内部的
明暗关系。

Step 4

画出下端飘花的颜色，具体位
置可参照实物。

Step 5

用白色加少许黄色，画出翡翠
起荧光的部分。

Step 6

在翡翠的左上方和人物肩膀的左
上方画出高光，用黄绿色调和白
色勾勒人物的衣物褶皱和发丝。

Step 7

用深灰色的线条刻画人物的五
官和头发。

Step 8

细化人物头上的发冠和祥云
纹饰，并提亮莲花的亮部。

Step 9

将人物的五官提亮，画出胸
前的项链。

Step 10

晕染翡翠下端绿色的飘花和莲花
上的颜色，继续细化祥云纹饰，
画出衣褶、莲花等多处的高光，
完成绘制。

满绿翡翠观音

Step 1

画出满绿翡翠观音的底稿。

Step 2

用绿色薄涂整个佛像的底色，奠定翡翠的整体色调。

Step 3

遵循左上方 45°打光原则，将佛像的各部分当作一个素面宝石处理其明暗关系，例如将底座中间的花瓣左上方处理成暗部，膝盖也可以当作一个蛋面宝石绘制其明暗关系。

Step 4

加强对明暗关系的处理，对发丝、五官、手臂、衣褶等进行勾线处理，绘制佛像面部的明暗关系。

Step 5

塑造五官的立体感，在鼻翼、眼窝等的右侧绘制阴影。

Step 6

勾勒线条，绘制高光，完成绘制。

翡翠四季豆

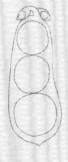

Step 1

用铅笔画出翡翠四季豆
的底稿。

Step 2

用佩恩灰画出白色翡翠
的底色，三颗豆子左上
方向右下方的颜色要逐
渐减弱。

Step 3

用淡白色画出三颗豆子右下方
的亮部区域，同时绘制上方的
小叶片。

Step 4

用深灰色增强暗部的颜色，
并处理豆子边缘的细节。

Step 5

用白色画出豆子的高光，
高光的形状沿着豆子的轮
廓绘制。

Step 6

用重灰色勾勒四季豆暗部的边
缘线，整理细节，完成绘制。

翡翠佛像

Step 1

在铅笔底稿上薄涂翡翠佛像
的底色。

Step 2

遵循左上方 45°打光原则，画
出翡翠佛像各个部分左上方的
暗部。

Step 3

进一步晕染鼻子、佛光等暗
部区域。

Step 4

用底色加白色，提亮各部
分的亮部，让佛像造型更
加鲜活。

Step 5

刻画细节，例如眉骨、鼻头、
鼻翼、耳垂等区域，形成明暗
层次。

Step 6

用白色提亮高光部分，完成
绘制。

翡翠树叶

Step 1
用铅笔画出树叶底稿。

Step 2
画出翡翠绿色部分的
底色。

Step 3
遵循左上方 45°打光原则，加
深左上方暗部区域颜色的晕染
效果。

Step 4
因为树叶下半部分是白色的，
所以在白色部分的左上方用
深灰色晕染。

Step 5
用底色加白色，画出上方
绿色区域的亮部，用白色
提亮翡翠的白色部分。

Step 6
用深色勾勒叶片的边缘。

Step 7
用亮色勾勒中间叶脉的右半
边，叶脉左半边用深色调暗，
形成明暗对比。

Step 8
用白色画出高光区域。

Step 9
用白色画出反光区域，完成
绘制。

5.5 珍珠

珍珠
Pearl

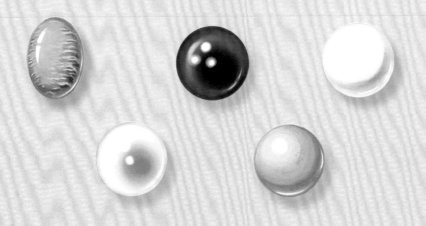

根据地质学和考古学的研究证明，在两亿年前，地球上就已经有了珍珠。

珍珠的其中一个英文名是 Margarite，是由古波斯梵语衍生而来的，意为"大海之子"。

珍珠生长在珍珠蚌里，珍珠蚌的生长环境中有很多精华物质，也有很多污浊的东西，

蚌能将污浊之物排斥在外，将精华结成珠子。

中国的天然淡水珍珠主要产于海南诸岛。

Akoya 珍珠产自日本南部沿海的港湾地区，珍珠母贝名为欧卡娅 (Akoya)，该品种颗颗精圆，光泽强烈，

颜色多为粉红色、银白色，一般直径为 6 ~ 9mm。

大溪地黑珍珠的珍珠母贝是一种会分泌黑色珍珠质的黑蝶贝。黑珍珠的美在于它浑然天成的黑色基调上

能折射出各种缤纷的色彩，最被欣赏的是孔雀、浓紫、海蓝等彩虹色。

南洋珍珠是指产于南太平洋海域沿岸国家的天然或养殖的海水珍珠，其产珠贝主要为大珠母贝或马氏贝。

珍珠有很强的宗教意义，在藏传佛教中，珍珠、金、银、红玉髓、蜜蜡、砗磲、珊瑚被并列为"西方七宝"。

送白色系的珍珠寓意无惧任何疾病，有着健康的体魄。

送黑色系的珍珠寓意拥有无穷的神秘魅力和难以抗拒的诱惑力。

送金色系的珍珠寓意将获得更大的权力和财富。

送粉红系的珍珠寓意将会拥有一段刻骨铭心的浪漫爱情。

5.5.1 白珍珠

白珍珠

Step 1

画出圆形底稿。

Step 2

用淡白色薄涂底色。

Step 3

用灰色晕染球体的暗部。

Step 4

用深灰色画出球体的明暗交界线，明暗交界线的重点在中间区域。

Step 5

用白色画出球体暗部的反光区域。

Step 6

用白色画出球体亮部的高光区域，完成绘制。

粉紫色珍珠

Step 1

用淡白色加粉紫色薄涂
底色。

Step 2

用深粉紫色在珍珠右下方晕染
球体的暗部，暗部呈球状。

Step 3

增强暗部中心的颜色，呈现
从中心至边缘由强变弱的
效果。

Step 4

用白色提亮球体的受光面。

Step 5

用纯白色画出球体的高光区域，
完成绘制。

5.5.3 金珍珠

金珍珠

Step 1

画出圆形轮廓。

Step 2

用中黄加土黄薄涂珍珠底色。

Step 3

用熟褐加土黄，画出球体的暗部，暗部的形状随着球体的轮廓由宽至窄。

Step 4

用深熟褐画出球体的明暗交界线。

Step 5

用中黄加白色晕染球体的亮部。

Step 6

用纯白色画出珍珠的高光区域和反光区域，完成绘制。

5.5.4 黑珍珠

黑珍珠

Step 1
用深灰色加翠绿薄涂底色。

Step 2
以右下方为中心晕染重色。

Step 3
遵循左上方 45°打光原则，用底色加白色，晕染球体左上方的亮部。

Step 4
画出球体亮部和暗部的反光区域。

Step 5
加强黑珍珠的珠光质感。

Step 6
在左上方画出高光效果，完成绘制。

5.5.5 海螺珠

海螺珠

Step 1

用玫瑰红加白色薄涂底色。

Step 2

遵循左上方 45°打光原则，用
深玫粉画出海螺珠的暗部。

Step 3

用浅玫粉画出位于亮部区
域的受光面，与底色均匀
晕染。

Step 4

用浅玫粉加白色，晕染暗部
区域的反光，反光的形状沿
着轮廓绘制。

Step 5

用淡白色画出海螺珠的火焰
纹，纹理方向要保持一致。

Step 6

用白色画出位于亮部的高光
和暗部的反光。

5.5.6 异形珍珠

Step 1

用铅笔画出异形珍珠的底稿。

Step 2

用淡白色画出白色异形珍珠的
底色。

Step 3

用佩恩灰加少许深蓝色，根据珍珠
的高低起伏画出下凹面和暗部。

Step 4

用佩恩灰加少许紫色，在刚刚画出的
暗部叠加，丰富珍珠色彩。

Step 5

用黄色调和蓝色，丰富异形珍
珠的颜色。

Step 6

用深紫色画出珍珠的暗部和
明暗交界线，加强对比，突
出体积感。

Step 7

用浅蓝色渲染异形珠的光感，
用纯白色画出暗部的反光。

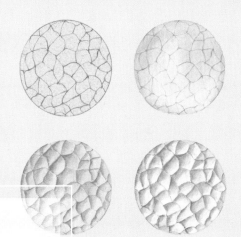

Part
6

金属的质感与
手绘效果图技法

6.1 金属质感的表现

　　金属在珠宝设计中是除透视外另一个绘画重点，相比刻面宝石和素面宝石的色彩和绘制方法比较固定而言，金属绘画的规律性差，因为金属的造型随设计师的设计不同而千变万化。

　　上图是一幅静物油画，画面中间的茶壶在水果、鲜花和丝质衬布的衬托下光亮夺目，茶壶中间反射出了周边的事物和房间内的大环境以及一个模糊的人物，这些都源于金属材料的特征。金属物品的明暗关系对比强烈，亮部和暗部之间经常没有明确的分界线，反光和高光效果鲜明并会随着物体的形体扭曲等发生变化，绘画中要尊重客观变化，同时也要进行整理。

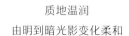

金属

陶瓷

木材

反射力强

质地温润

无高光

明暗关系对比强烈

由明到暗光影变化柔和

无明显暗部

6.2 珠宝设计中的金属

我们在绘制珠宝手绘图的过程中，经常要表现黄色金属、白色金属、玫瑰色金属、黑色金属等，钛金因为具有质量较轻的优势，近几年在高级珠宝中也经常被用到。

黄色金属在实际的材料运用上分为24K黄金、18K黄金、14K黄金等，根据黄金比例不同，金属呈现的色彩饱和度和质感也略有不同。

6.2.1 从金属配比上区分

24K黄金：俗称"黄金"，颜色会随着黄金的纯度发生变化，民间有"七青，八黄，九紫，十赤"的说法，特点是密度较大，熔点高，在1300℃以下不挥发，重量不损失，所以古语称"真金不怕火炼"，24K黄金的延展性很强，可以被拉成细丝，碾压成很薄的金箔。

24K黄金在珠宝绘图中使用的颜色如下图所示。

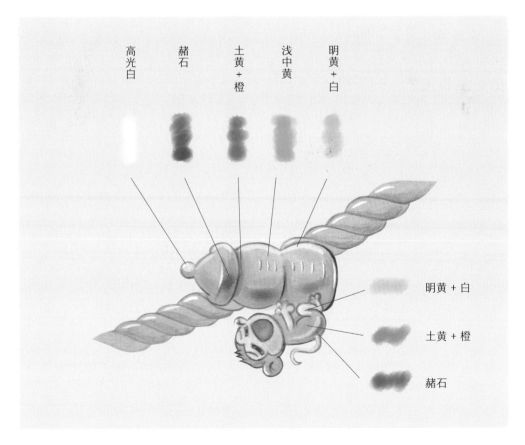

K 金制是现在主流的黄金计量标准，指在 24K 黄金中加入了银、铜、锌等有色金属，这部分金属炼成的合金材料统称"补口"，因为不同纯度的 K 金加入其他金属的比例不同，所以在色调、硬度、熔点等方面也不同，形成了 22K、18K、14K、9K 等不同规格的 K 金，目前世界各国规定并采用的 K 金纯度不低于 9K。珠宝设计中通常绘制的是 18K 黄、18K 玫瑰金、18K 白等不同的金属颜色。

1482 年，英国首先将 18K 金作为法定的珠宝金属，之后许多国家都把 18K 金作为生产首饰的主要金属材料。1932 年，英国首先把 14K 金的含黄金量由 58.33% 提升到 58.5%，并在法律上做出规定，随后日本也采用了这个标准。14K 金在价格上比 18K 金便宜，所以美国及欧洲等国也都大量将 14K 金作为首饰用材，随后钟表业、眼镜业及金笔制造业等也先后采用 14K 金作为原材料。

6.2.2 黄色的金属

珠宝绘图中通常会对 24K 黄和 18K 黄做不同色彩饱和度的处理，足金展示出来的质感和 K 金在质感上有一定的差别，但不会特意区分 18K 黄和 14K 黄或其他 K 金的纯度配比，除了色彩饱和度其他无太大差别，在绘图时即便体现也不容易被感知，设计师在设计图中会明确说明并标注金属质地，不根据图中的色彩饱和度来判断含金量。

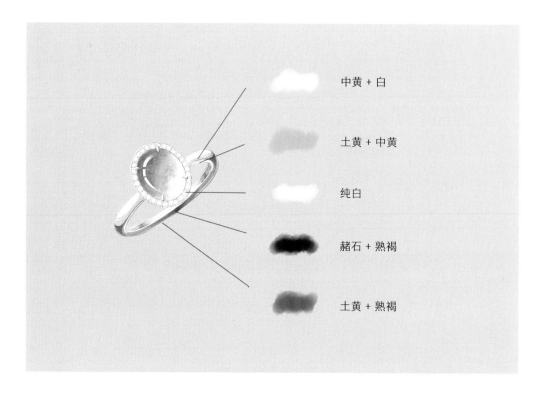

6.2.3 白色的金属

经常用于珠宝制作中的白色金属材料包括 18K 白金、铂金、银等，时尚配饰还会用到铜、合金等呈现白色的材料。不能将 18K 白金和白金混淆，白金特指铂金。

铂金

铂金又称为"白金"。曾作为工业金属被使用，相传珠宝品牌卡地亚发现在车辆上使用的铂金光泽非凡，通过一系列的研究和探索，将铂金与其他金属（如铱）混合，最终在 1896 年研制出了一种硬铂金，它可以在不损坏宝石的前提下将宝石镶嵌固定，从此大放异彩。在此之前，珠宝上面使用的白色金属大都是白银，这也解释了为什么很多用白色金属镶嵌的古董珠宝背后氧化的痕迹明显。目前日本是世界上最喜爱铂金首饰的国家。

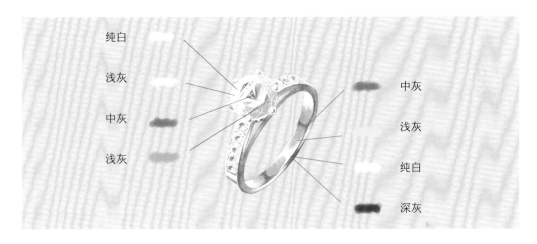

18K 白金

18K 白金和铂金呈现的都是白色金属的质地，所以是最容易与铂金混淆的材质。白色 18K 金是由 75% 的黄金加 25% 的钯或镍等其他金属融合而成的，在外面电镀了一层铂金，是人工白。而铂金是一种天然的白色金属，是天然白。K 白金首饰佩戴久了，如果与硬物接触、磨擦，会使其镀层颜色轻微脱落，呈现微黄色。

尽管 18K 白金和铂金在本质上有着巨大的差距，但是体现在珠宝设计图中是没有差别的，颜色调配和绘画技巧相同。

白银

纯白银颜色非常白，掺有杂质的白银光泽变暗。白银质地偏软，延展性仅次于金，能压成薄片，拉成细丝。银是贵金属元素中化学性质最活泼的金属，所以很容易氧化。国家标准规定 990‰、925‰、800‰ 的白银都可以用来做银首饰。藏族、蒙古族、壮族、苗族、维吾尔族、哈萨克族等少数民族沿袭古老的民风，大量制作用于佩戴银饰品，但使用的通常是含银量较低的合金。

6.2.4 玫瑰金

玫瑰金呈现一种金偏粉的颜色，所以又称"粉色金"（Pink Gold）、"红色金"（Red Gold），这种金属在 19 世纪初期风行于俄罗斯，因此又称"俄罗斯金"（Russian Gold）。玫瑰金的配比是 75% 的黄金加 22.25% 的铜加 2.75% 的银，传说玫瑰金最早出现在维多利亚晚期，那时的珠宝设计师用这种暖色调金属来镶嵌宝石和浮雕，制作胸针等饰品。

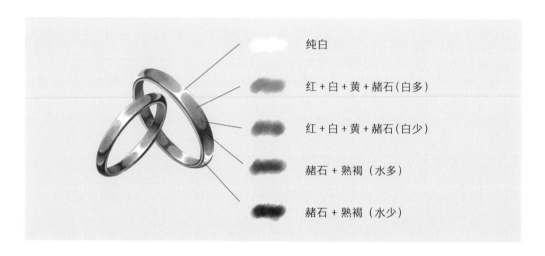

纯白
红 + 白 + 黄 + 赭石（白多）
红 + 白 + 黄 + 赭石（白少）
赭石 + 熟褐（水多）
赭石 + 熟褐（水少）

6.2.5 钛金

钛金又叫"太空金属"，其质地坚韧、耐腐蚀、不变形、不褪色、不变黑，任何人对其都不过敏，容易保养，是唯一对人类神经没有任何影响的金属。在同样体积的前提下，钛金的重量是银的 40%，是金的 25%。

钛金是国际上流行的首饰用材，但由于钛对加工技术要求很高，用普通设备很难浇铸成型，所以无法规模生产，市场上批量生产的标着"钛金""钛钢"的产品实际上并不是钛金，而多是不锈钢。

钛金在常温下很稳定，只有受到一段时间的高温加热后，才会产生五颜六色的变化。这主要是因为当金属钛在空气中受热时，会与氧气发生氧化反应，形成一层致密的氧化膜。这层氧化膜不仅可以对钛金属表面起到保护作用，更是钛颜色变化的根本原因，也有通过电镀让钛产生颜色变化的，由于这种变化色彩丰富、层次感强，也是近年来国际珠宝设计大师所钟爱的一种方式。

不同温度下钛氧化膜的颜色

温度（℃）	200	300	400	500	600	700 ~ 800	900
颜色	银白	淡黄	金黄	蓝色	紫色	红灰	灰色

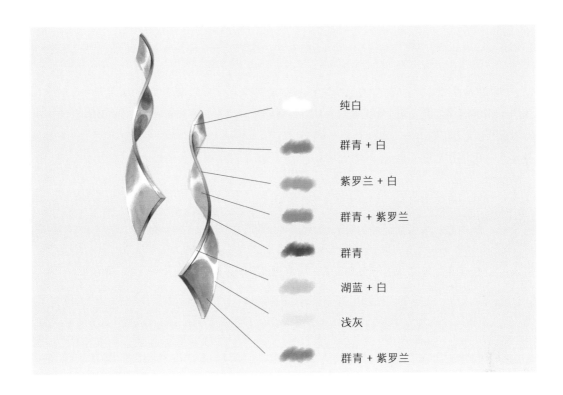

纯白

群青 + 白

紫罗兰 + 白

群青 + 紫罗兰

群青

湖蓝 + 白

浅灰

群青 + 紫罗兰

6.2.6 黑金

黑金是指按一定比例混合黄金和稀有金属铑所得到的一种合金,由于其颜色偏深,所以称为"黑金"。黑金是一种非常贵重的稀有金属,其中铑的价格是 24K 黄金的 6 倍,奢侈品通常会使用黑金。"黑金"这个词被赋予了尊贵的含义,例如被称为"卡中之王"的运通黑金信用卡,化妆品品牌在包装上采用的黑金配色也象征着不同的市场定位。

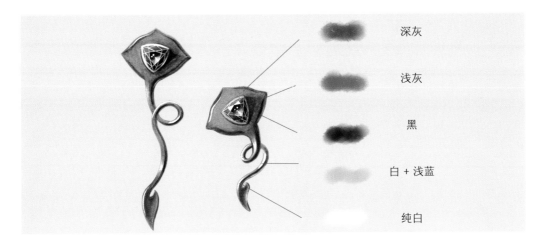

深灰

浅灰

黑

白 + 浅蓝

纯白

6.2.7 绿金、蓝金和紫金

金、银、铜合金可呈现绿色,将绿色的致色元素镉以 2% ~ 4% 的量添加进任何 K 金中,几乎都能形成绿色 K 金,如果减少铝的比例就会形成紫色 K 金。金和铁的合金可呈现蓝色 K 金,但其生产工艺极为保密,在全世界进行了专利注册。

6.2.8 常见 K 金的颜色、含金量及组成元素所占比例

常见 K 金的颜色、含金量及组成元素所占比例

K 金的颜色	含金量	主要组成元素所占比例(单位‰)
明亮的黄色	22k	Au(916.7)、Ag(50)、Cu(20)、Zn(13.3)
金黄色	22k	Au(916.7)、Ag(42)、Cu(41)
明亮的黄色	18k	Au(750)、Ag(95)、Cu(155)
淡黄绿色	18k	Au(750)、Ag(250)
深绿色	18k	Au(750)、Ag(150)、Cu(160)、Cd(40)
深玫瑰红色	18k	Au(750)、Cu(250)
粉红色	18k	Au(750)、Ag(50)、Cu(200)
明亮的红色	18k	Au(750)、Al(250)
褐色	18k	Au(750)、Pd(187.5)、Ag(62.5)
蓝色	18k	Au(750)、Fe(250)
灰色	18k	Au(750)、Cu(80)、Fe(170)
黑色	14k	Au(583)、Fe(417)
橙色	14k	Au(583)、Ag(60)、Cu(365.7)
红黄色	9k	Au(375)、Ag(50)、Cu(575)
淡黄色	9k	Au(375)、Ag(310)、Cu(315)
深黄色	9k	Au(375)、Ag(110)、Cu(515)
白色	9k	Au(375)、Ag(580)、Cu(45)

6.3 金属上色的注意事项

● 薄涂金属的底色，根据金属的颜色进行调色，底色是珠宝的中间色，既不是最暗的部分也不是最亮的部分。需要特别注意，在绘制白色金属时，因为用的纸原本就是灰卡纸，所以在画白色金属的时候可以不涂底色。

● 遵循左上方 45° 打光原则，通常高光的角度与 45° 的光线保持垂直的关系。

● 体现金属质感线条时，平面的金属画直线，弧面金属沿着轮廓画弧线。

● 白色金属的暗部用佩恩灰加水绘制，佩恩灰是一种较透明的深灰色，通过与水调和能呈现丰富的层次，固体水彩中都配有这种颜色。画白色金属的暗部时，最好通过调整佩恩灰和水的比例来调和颜色，不要加白色，暗部加了白色的金属就不像金属质地了，更像水泥。

● 在绘画时不必严格遵照步骤的先后顺序，可先画暗部也可先画亮部。

6.4 平面金属的绘制

6.4.1 平面金属绘制解析

平面金属的绘画是金属绘画中比较基础的部分，也是相对容易的，无论平面金属物体如何摆放，都要遵循左上方 45° 打光原则，所以图上的高光是物体表面垂直于 45° 光线的区域。

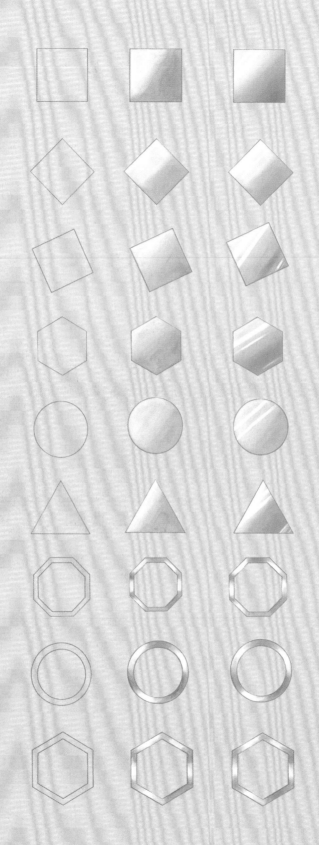

6.4.2 片状曲线白色金属

片状曲线白色金属

Step 1

用铅笔绘制底稿。

Step 2

用较浅的灰色将曲线造型的亮面
和反光的部分画出来。

Step 3

根据金属造型的起伏和明暗
关系，蘸取少许佩恩灰晕染
曲线造型的暗部和遮挡处产
生阴影的部分，与白色亮面
和反光面自然过渡。

Step 4

用佩恩灰将片状造型的厚度
表现出来，通常能看到的厚
度属于背光区域。

Step 5

用深灰色将表现金属片厚度的局
部效果加强，选取金属造型转折较
为强烈的地方和受光面高光处作
为落笔区域。

Step 6

为加强金属的质感，根据金
属造型，将转折暗部加强。

Step 7

根据金属造型的走向，用纯白色
画出亮部位置的高光，与底色形
成对比。

Step 8

画出金属厚度的反光部分，加
强金属质感，完成绘制。

6.5 弧面片状金属的绘制

6.5.1 弧面片状白色金属

弧面片状白色金属

Step 1

根据金属片的形状，将拱面
两侧用浅灰色涂暗。

Step 2

加强金属上下两端的暗部颜
色，使其与底色均匀过渡。

Step 3

用淡白色薄涂金属片的亮部，
使其与两侧的灰色暗部自然
过渡。

Step 4

用白色在拱面的最高处绘制
出亮部高光。

Step 5

调整画面，加强明暗对比，
规范线条走向。

Step 6

用纯白色画出金属片暗部的
反光，用深灰色画出金属片的
投影，完成绘制。

波浪形白色金属片

Step 1

将金属片拱面的两侧及中间
凹面，用浅灰色涂暗。

Step 2

加强金属片拱面两侧及中间凹
面金属片的暗部效果，使其与
底色自然过渡。

Step 3

根据金属的造型，用竖向
线条加强金属片暗部的金
属质感。

Step 4

用淡白色薄涂金属片拱面亮
部，使其与灰色自然过渡。

Step 5

用白色加强亮部的高光效果。

Step 6

根据波浪造形金属片的起伏，
画出投影效果，完成绘制。

6.5.3 K 黄金凸面片

K 黄金凸面片

本例的绘画技巧和步骤与前面有所不同，采用色块绘制的方法，通过最后两步进行集中晕染和融合，绘制时可根据具体情况选择上色方式。

Step 1
用铅笔画出底稿。

Step 2
用中黄和土黄画出金属片的底色。

Step 3
在金属片凸面的两侧画出暗部，根据左上方 45°打光原则，增强右侧的暗部效果。

Step 4
用白色加底色画出金属片的亮部区域，用纯白色画出亮部的高光。

Step 5
用湿润且干净的笔将 Step 4 所绘制的色块进行充分的融合过渡，用笔的方向为纵向。

Step 6
进一步调整画面并画出投影，完成绘制。

6.5.4 K白金凸面片

K 白金凸面片

Step 1
用铅笔画出底稿。

Step 2
由于绘制的金属片是中间鼓起，两侧向下延伸的形状，所以用佩恩灰根据金属的起伏画出两侧的暗部。

Step 3
用浅灰色画在右侧作为亮部与暗部的衔接处，遵循左上方45°打光原则，在左侧画出灰色暗部。

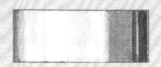

Step 4
用纯白色画出左侧的亮部区域，并用淡白色将灰面涂满，形成明确的黑白灰区域。

Step 5
将黑白灰区域晕染，使三种颜色自然过渡，没有明显的分界线。

Step 6
调整细节，画出下弧的投影，以增强凸面金属片的立体感，完成绘制。

6.5.5 黄金凹面金属片

黄金凹面金属片

Step 1

用中黄加土黄画出金属片的
底色。

Step 2

用熟褐和赭石画出金属片的明
暗关系，由于金属片为下凹造
型，所以将左右两端翘起来的
部分画为暗部。

Step 3

用浅色画出金属片中部的亮部，
以及两端表现金属厚度的亮部。

Step 4

将上述步骤画出的色块进行晕
染，使色彩之间过渡自然，没
有明显的边界线。

Step 5

凹面金属片的中段最贴近桌面，所以
投影最窄，两端翘起，距离桌面相对
较远，所以投影逐渐变宽，完成绘制。

黑金凹面金属片

Step 1
用深灰色画出金属片的底色，通常用佩恩灰。

Step 2
金属片为下凹造型，用深一度的灰色将金属片左侧画为暗部。

Step 3
用浅灰色在金属片右侧画出亮部，用白色画出亮部的高光。

Step 4
将上述步骤画出的色块晕染，使色彩过渡自然，没有明显的边界线。

Step 5
根据凹面金属片的造型，画出投影，投影两端厚中间薄，完成绘制。

玫瑰金凹面片

Step 1

用赭石加白色再加少许黄色
调出玫瑰金的颜色，画出金
属片的底色。

Step 2

用深赭石画出金属片的暗部，
根据金属片的凹面造型，暗部
在左右两端区域。

Step 3

画出金属片右侧的亮部区域。

Step 4

将上述步骤画出的色块晕染，
使色彩过渡自然，没有明显的
边界线。

Step 5

根据凹面金属片的造型画出投影，
完成绘制。

6.6 金属表面处理工艺的绘制

6.6.1 金属拉丝工艺

金属拉丝工艺

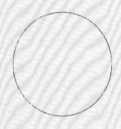

Step 1

画出金属的圆形轮廓。

Step 2

薄涂 K 黄底色。

Step 3

在金属右下部分，从圆心
向边缘绘制，使其与底色
自然过渡。

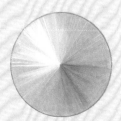

Step 4

遵循左上方 45°打光原则，绘制左
上部分的亮部，加强拉丝的质感。

Step 5

用细勾线笔在亮部的区域由中心向
边缘逐条绘制拉丝，并随着金属造
型画出由明到暗的层次变化。

金属弧面镂空工艺

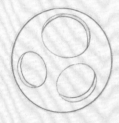

Step 1

用铅笔画出线稿。

Step 2

薄涂 K 黄底色。

Step 3

遵循左上方 45°打光原则，绘制金属面右下部分的暗部，画出镂空部分金属厚度的明暗变化。

Step 4

调和底色加白色画出亮部，加强明暗关系的对比。

Step 5

用白色画出金属弧面的高光和反光，完成绘制。

6.6.3 金属抛光工艺

金属抛光工艺

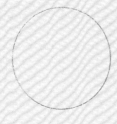

Step 1
用铅笔画出线稿。

Step 2
薄涂 K 黄底色。

Step 3
遵循左上方 45°打光原则，绘制金属面左上部分的暗部，以形成明暗对比。

Step 4
调和底色加白色画出亮部，以加强明暗关系的对比。

Step 5
用白色画出金属的高光，完成绘制。

金属锤纹工艺

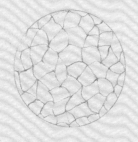

Step 1

用铅笔画出锤纹的纹路和轮廓。

Step 2

薄涂金属底色。

Step 4

遵循左上方 45°打光原则，在每个锤坑的左上方画出暗部，暗部颜色与底色均匀晕染，使亮部与暗部自然过渡。

Step 5

在每个锤坑的右下角画出高光，完成绘制。

6.7 不同造型金属的绘制

6.7.1 麻绳状黄金

麻绳状黄金

Step 1
用铅笔画出绳状金属的
底稿。

Step 2
薄涂 K 金底色，K 黄的颜色为
中黄加土黄。

Step 3
遵循左上方 45°打光原则，随着金
属的起伏画出暗部，暗部调色为土
黄加熟褐。

Step 4
用中黄加白色，把每一个凸起
的受光区域提亮。

Step 5
用熟褐绘制暗部的明暗交界线，增
强金属的体积感。

Step 6
用亮色在每个交界线的右下方绘
制金属的反光。

Step 7
用纯白色在每一段的亮部勾勒金属的高光，完成绘制。

6.7.2 凹麻花状黄金

凹麻花状黄金

Step 1
薄涂 K 黄底色。

Step 2
遵循左上方 45°打光原则，顺着
扭曲金属的结构画出暗部。

Step 3
用深色勾勒凸起金属的
边缘。

Step 4
用底色加白色画出金属
的亮部。

Step 5
用纯白色画出凸起金属边
缘的高光，完成绘制。

水滴形玫瑰金

Step 1
薄涂 K 黄底色。

Step 2
遵循左上方 45°打光原则，在水
滴的右下方画出暗部。

Step 3
用深色勾勒凸起金属的
边缘。

Step 4
用底色加白色画出金属的亮部和
暗部的反光区域。

Step 5
用纯白色画出水滴左上方的高
光和右侧的反光，完成绘制。

椭圆形黄金环

Step 1

画出椭圆形金属的轮廓。

Step 2

根据形状薄涂黄金
底色。

Step 3

加强金属边缘的暗部，颜色与
底色自然过渡。

Step 4

遵循左上方45°打光原则，
根据金属的曲面走向，画出
金属的亮部。

Step 5

在受光面的区域用底色加
白色均匀晕染，并勾勒出
金属环的高光，完成绘制。

6.8 相同造型不同色彩的金属的绘制

6.8.1 树叶状金属

相同造型元素不同的表现方式

Step 1
用铅笔画出羽毛的底稿。

Step 2
用中黄加黄色将叶子涂上 K 黄底色。

平面金属羽毛

弧面金属羽毛

Step 3
用熟褐在羽毛右侧和下侧勾画暗部颜色。

Step 3
在底色的基础上用熟褐画出弧面金属的暗部,暗部的颜色与底色自然过渡。

Step 4
为了凸显羽毛金属的平面感,用中黄加白色,随机画出高光效果,完成绘制。

Step 4
用白色在弧面金属的亮部画出高光,完成绘制。

玫瑰金 O 字链

Step 1

用玫瑰金色薄涂金属链。

Step 2

遵循左上方 45°打光原则，用深玫瑰金色画
出金属链的暗部。

Step 3

用深玫瑰金色画出金属链的明暗
关系。

Step 4

用浅玫瑰金色画出金属链的亮部。

Step 5

加强金属色调的对比，加深暗部效果。

Step 6

用白色画出金属链的高光，细化金属链
的明暗效果，完成绘制。

6.8.3 白金 O 字链

白金 O 字链

Step 1

用铅笔画出底稿，不填涂颜色。

Step 2

遵循左上方 45°打光原则，用深灰色画出金
属链的暗部。

Step 3

用淡白色画出金属链的
亮部。

Step 4

加强金属链色调的明暗对比，并加深
暗部。

Step 5

用白色画出金属链的高光，完善金属链的细节，完成
绘制。

6.8.4 黄金 O 字链

黄金 O 字链

Step 1
用黄金色薄涂金属链。

Step 2
遵循左上方 45°打光原则，用深
黄金色画出金属链的暗部。

Step 3
用深黄金色画出金属链的明暗关系。

Step 4
用浅黄金色画出金属链的亮部。

Step 5
加强金属色调的对比，加深暗部效果。

Step 6
用白色画出金属链的高光，完善金属链
的细节，完成绘制。

黄金十字链

Step 1
用黄金色薄涂整条十字链。

Step 2
遵循左上方 45°打光原则，用深黄
画出十字链的暗部。

Step 3
用深黄画出十字链的明暗关系。

Step 4
用浅黄画出十字链的亮部。

Step 5
加强金属色调的对比，加深暗部效果。

Step 6
用白色画出十字链的高光，完善十字链的
细节，完成绘制。

玫瑰金十字链

Step 1
用玫瑰金色薄涂整条十字链。

Step 2
遵循左上方 45°打光原则，用深玫瑰金色画
出十字链的暗部。

Step 3
用深玫瑰金色画出十字链的明暗关系。

Step 4
用浅玫瑰金色画出十字链的亮部。

Step 5
加强金属色调的对比，加深暗部效果。

Step 6
用白色画出十字链的高光，完善十字链
的细节，完成绘制。

白金十字链

Step 1

用铅笔画出底稿，遵循左上方 45°打光原
则，在背光面用深佩恩灰画出白色金属的
暗部。

Step 2

用浅灰色在每一节链条的两侧画出暗部与亮
部衔接的灰调区域。

Step 3

用淡白色在每一节链条的亮部画出白色的
高光。

Step 4

用深灰色涂抹在每一节链条的右侧，也就是
在明暗交界线的位置加强暗部效果。

Step 5

调整细节，加强金属质感的明暗层
次对比，完成绘制。

6.8.8 凹面字与凸面字黄金牌的抛光、喷砂和拉丝效果的绘制

凹面字　　　　　　　　　　　　　　**凸面字**

Step 1
薄涂金属底色。

Step 1
薄涂金属底色。

Step 2
用底色加白色勾勒字母的线条。

Step 2
用底色加白色勾勒字母的线条。

Step 3
由于字母是下凹的，所以文字的左上方为暗部，用深色画出文字暗部并向文字右下方逐渐晕染。

Step 3
由于字母是凸起的，所以文字的右下方为暗部，用深色画出文字暗部并向文字左上方逐渐晕染。

喷砂和拉丝效果

6.8.9 金属平安扣

金属平安扣

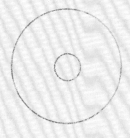

Step 1

用铅笔画出底稿。

Step 2

用中黄加土黄薄涂底色。

Step 3

遵循左上方45°打光原则，根据金属的曲面走向，沿内环、外环边缘画出金属的暗部。

Step 4

用中黄加白色，根据金属的高低起伏，在中间鼓起来的高位画出浅黄色。

Step 5

用熟褐随型勾勒明暗交界线，沿着明暗交界线的外侧用浅黄色绘制反光效果，用纯白色在左上方和右下方勾勒高光，完成绘制。

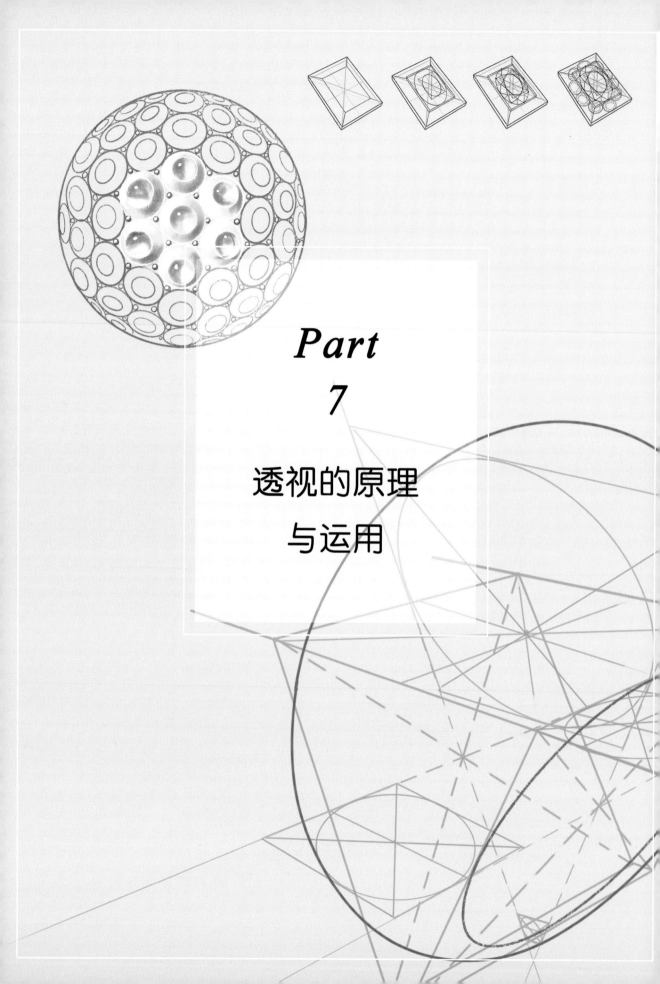

Part
7

透视的原理
与运用

7.1 关于透视

7.1.1 透视的起源

西方美术的三大系统理论分别是色彩学、透视学和解剖学。

从文艺复兴开始，古典透视理论在众多西方博学之士的不断尝试和积累下逐渐形成。每个人对透视学有着不同的理解，对一些缺乏绘画经验的初学者来说，透视学能够帮助他们在绘画技巧不熟练时，也能完成基本的绘制工作。

透视（Perspective）一词的英文源于拉丁文 Perspclre（看透），广义的透视学包含色彩透视、消失透视和线性透视。珠宝设计中主要运用的是线性透视。

"透视法"被发扬光大是在文艺复兴时期的意大利，掌握这项技术的鼻祖是金匠出身的建筑大师菲利普·布鲁内莱斯基，他经常站在佛罗伦萨洗礼堂大门外，一手拿着一幅抠了一个小洞的画，一手拿着一面镜子，来来回回地比量。

7.1.2 什么是透视

当我们观察物体的时候，随着观察角度、观察距离以及观察方向的变化，物体的形象经常会随之变化，这种现象被称为"透视现象"。

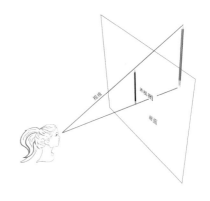

如果我们站在窗前，闭上一只眼睛并固定另一只睁开的眼睛的位置，把透过玻璃看到的物象，依样描画在玻璃窗上，描画出来的图形会和我们看到的景物一样，是具有立体感和空间感的透视图形。

　　透视一词的含义就是透过平面观看景物。

7.1.3　中西方透视的区别

　　中国的透视和西方的透视有很大的区别。中国画善于表现丰富的情节，采用多视点的绘画方式。西方画注重表现单一场景，是一种单视点的绘画方式。中国画丰富的透视情节用单视点是不能完成的，因此，如《清明上河图》是无法用西方的透视学原理去理解的。

　　由于我国古代绘画大多采用卷轴的形式，所以画幅一般都很长，没有一个固定的观察点，而是采用"移动视点"，因此，也就没有精确的透视法。但在近大远小的尺寸控制下，画面通常也具有一定的空间效果。

　　西方的绘画理论术语是指在平面或曲面上描绘物体空间关系的方法或技术，珠宝设计中的手绘运用的就是西方的透视原理。布鲁内莱斯基掌握了透视法的要领，并且把这项技术传授给了绘画大师马萨乔，使得透视法在佛罗伦萨迅速传开。

马萨乔绘制的《纳税钱》

达·芬奇绘制的《最后的晚餐》

7.2 透视的基本原理

进行珠宝设计创作时，需要绘制出立体造型，最常见的就是画立体的戒指，虽然三视图也能把设计细节完美展现，但是立体图更生动，也更容易理解。本节重点讲解透视在珠宝设计中的表达与呈现方法，所以很多内容是将前人总结好的理论知识直接延伸到珠宝设计中，同时把透视在珠宝设计中的运用详细地展现给大家。

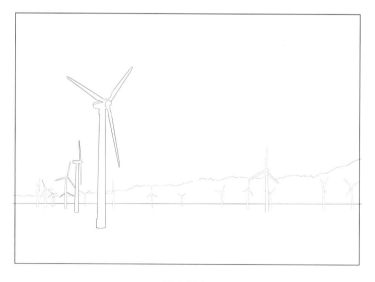

近大远小

上页图中风力发电的风车在现实中是等大的，但在透视图中，离观察者越近的风车越高大；离观察者越远的风车越矮小。

逐渐消失的铁轨

上图中的轨枕，由近及远呈现由宽到窄的变化，两侧的栏栅由近到远呈现从高到低的变化，这正体现了透视中常说的近大远小、近高远低、近宽远窄的规律。

7.3 透视的观察方式与视角

7.3.1 透视的观察方式

要想绘制的透视图准确，就需要相对固定的视点和视向，展现一定视域内的画面。无数条视线从眼睛"发散"出来，形似圆锥，所以视域通常被称为"视锥"，视锥的顶角为 45°～60°，如果一幅画采用了更大的角度，图像就会变形。大家可以正视前方并在视野内外摇摆伸开的手臂，以此来感受视锥的变化。

在立体空间中，观察者视野的最佳角度是正前方 45° 的范围。

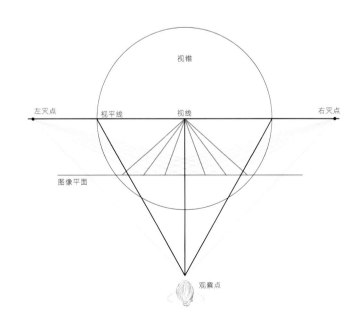

7.3.2 双眼视线下的单眼透视

如果我们将左眼与右眼的视野重叠，就会发现只有视线中间的部分可以被双眼同时看到，这个中间部分就是我们所说的"立体视野"。立体视野所包括的范围大约是 90°，也就以视线正前方为平分线，左右各 45° 的范围。

观察者的可视区域从左到右延伸，范围为 180°，但只有从 -45°～ +45°，这个区域能同时被双眼看到。

7.3.3 视角的选择

同一个物体，距离观察者双眼的距离越远，物体的尺寸越小，则视角越小。反之，距离观察者双眼的距离越近，物体的尺寸越大，则视角越大。右图为观察者不同视角的物体的对比示意图。

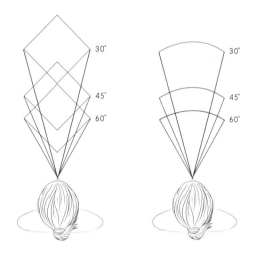

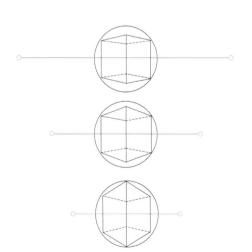

左图为相同物体在同样的观察角度，但是距离由远到近逐渐变化后所展现的观察效果。

没有哪一种视角一定比其他视角好，视角的选择主要取决于我们的视野范围以及距离观测点的远近。

7.4 透视的组成

视点：人眼所在的点。

心点：视点对画面的垂直落点。

视中线：视点距离心点的连线。

视平线：过心点垂直于视中线的水平线。

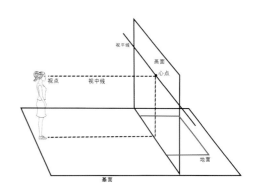

透视中的主要辅助元素是灭点和视平线，下面简要介绍这两个元素。

灭点（VP）

在现实场景中，通常看不到视平线，更看不到灭点，但是我们必须了解这些概念的含义，画透视图必须把这些知识点展现在画面中，起稿的时候暂时保留。

现实空间中任意两条或多条直线，无限向远处延伸直至聚合的那一点被称为这些直线的"灭点"。

右图中的轨枕和道路两旁栏栅的轨迹无限向远处延伸，最终交会在同一个消失点，即灭点上。

左图中包含多组平行线，每组平行线都有各自的灭点。

视平线（HL）

视平线（地平线）——所有水平线都与眼睛齐平的一条灭线汇聚。

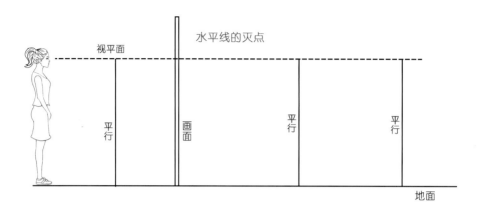

视平线一般可以等同为地平线，是眼睛所看的最远处，是一切景物"消失"的地方。

大海的海平面是一个天然的地平线。

7.5 透视的种类

7.5.1 零点透视

零点透视指画面中的物体遵守了近大远小、向前缩短的原则，但是由于没有平行线，所以无法形成灭点的一种情况。

7.5.2 一点透视

一点透视即平行透视，是透视制图中最常用的一种透视方法。

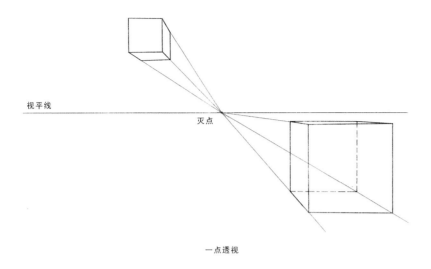

视平线

灭点

一点透视

我们把空间中看到的物体，如家具、建筑物、项链、戒指、耳环等一切物体都可以归纳为一个或多个平行六面体，也就是说都具有长、宽、高三组主要方向的轮廓，如果六面体有两组主要方向的面与画面平行就叫作平行透视。由于平行透视只有一个灭点，所以又称"一点透视"。一点透视中所有纵深线条的延长线都汇聚到一个灭点上。

上图为达·芬奇绘制的《最后的晚餐》的透视解析图，我们可以看到有门洞的两侧墙体是平行于画面的，人物头顶的天花板是垂直于画面的，并且天花板和两侧长方门洞的延长线最后全部汇聚在一个灭点上。

我们把首饰中的戒指圈归纳在一个简单的几何立方体中，这些立方体在一点透视中的视觉效果如下页上图所示。

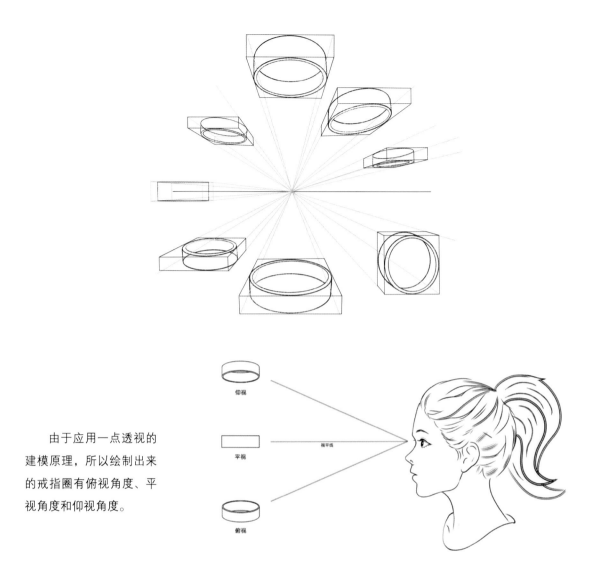

由于应用一点透视的建模原理，所以绘制出来的戒指圈有俯视角度、平视角度和仰视角度。

7.5.3 两点透视（成角透视）

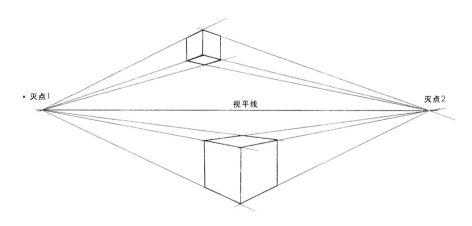

成角透视是指景物纵深与视中线成一定角度的透视，把画面既不平行又不垂直的水平直线消失于视平

线上的点称为"灭点"。在视平线上，景物的纵深因为与视中线不平行而向主点两侧灭点消失。凡是平行的直线都消失于同一个灭点。

把戒指圈归纳在简单的几何立方体中，放在两点透视中的观看角度如右图所示。

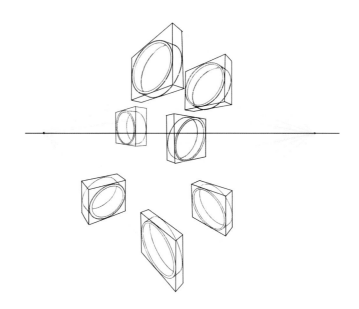

戒指的立方体模型在空间关系中呈现不同的角度变化。

立方体在同一水平面随着角度的转动，从观察视点看到的效果如下图所示。

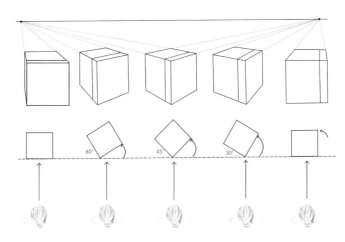

如右图所示，蓝色部分为立方体中拆分出来作为戒指圈模型的部分，在视点不变的情况下，模型发生转动时，可以观察到不同的角度。

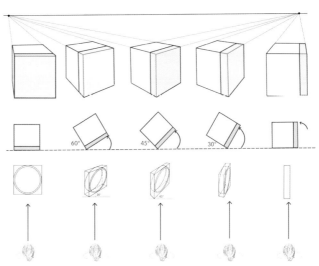

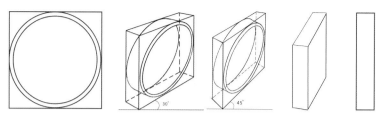

随着立方体角度的变化，戒指的圈口从正圆逐渐变成扁圆

7.5.4 三点透视

三点透视是一种绘图方法，一般用于表现超高层建筑物的俯瞰图或仰视图。

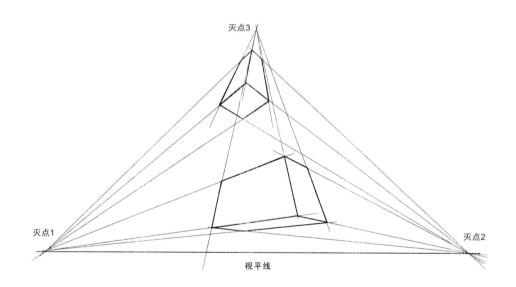

下图为同一个立方体的三种透视效果图。

7.5.5 曲面透视

如果画面的视野超过视锥范围的60°，就需要使用曲面透视。曲线透视是指将透视线由直线变成曲线，由于人的视网膜是球面的，所以这种有弧度的曲线会使画面看上去更真实。

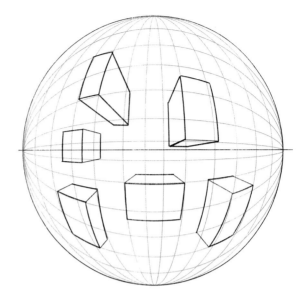

曲线透视可归纳为两类。

（1）有规则的曲线，例如圆形、椭圆形。

（2）无规则的曲线，即无规律的任意曲线。

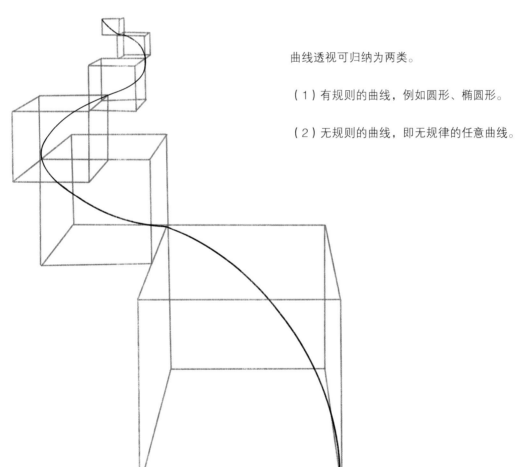

7.5.6 曲面透视在珠宝设计中的应用

右图的球体镶嵌图，体现了刻面宝石在不同位置和角度下呈现的曲线透视效果。

在右图中，单颗圆形刻面宝石在位置、角度发生变化时，用到的是一点透视中同心圆的透视规律。

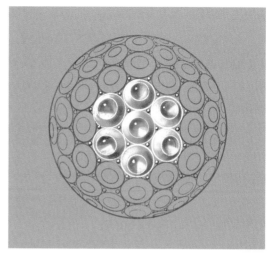

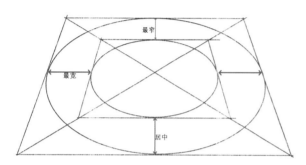

上图中的椭圆实际为空间关系中的正圆，它们的形状距离视中线越近越接近正圆，距离越远越接近椭圆。

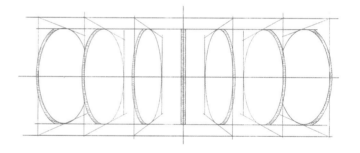

越远处的小钻越接近椭圆

越向上的小钻越接近正圆

越向下的小钻越接近椭圆

越近处的小钻越接近正圆

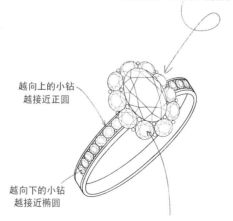

左图为珠宝设计中的曲线透视效果。

7.6 通过透视规律绘制圆形

7.6.1 绘制圆形

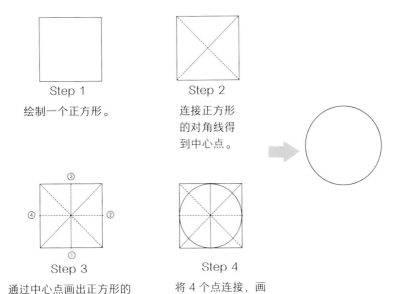

Step 1
绘制一个正方形。

Step 2
连接正方形
的对角线得
到中心点。

Step 3
通过中心点画出正方形的
十字中心线，找到中心线
和正方形的 4 个交点。

Step 4
将 4 个点连接，画
出圆形。

7.6.2 绘制正圆

确定视平线、基面、心点、消失点等，通过一点透视的原理由心点画出放射状的线条，由灭点向放射状线条画线，得到四边形的对角线后补全其他线条。

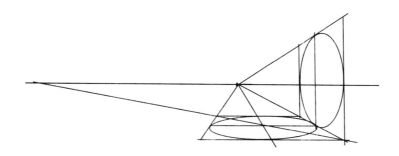

上面的步骤在确立正方形边上的 4 个点后得到了一个正圆，这 4 个点是正圆轮廓必经的轨迹点。在实际的绘画中徒手画圆的机会并不多，通常使用正圆模板绘制即可，但会遇到徒手画椭圆的情况，因为椭圆模板大都不能满足我们的需要。

7.6.3 12点画圆法

下面介绍12点画圆法,其目的是希望遇到模板不能满足画椭圆的要求时,创作者可以通过此方法解决问题。

在需要画出较大的透视圆形时,为了画得更准确,可以运用12点画圆法,先画出正方形,然后连接对角线定出中心点,再把正方形划分为16个小正方形,在大的正方形各边得到 *E*、*e*、*F*、*f*、*G*、*g*、*H*、*h*、*I*、*i*、*J*、*j* 各点,然后分别连接 *Ah*、*BH*、*DE*、*Ae*、*Bg*、*GC*、*Dj*、*JC*,得到1、2、3、4、5、6、7、8共8个点,通过连接这8个点就可以画出正圆形。作透视图时先用透视法画出透视正方形,然后定出上述12个点,用线连接起来画出透视圆形。

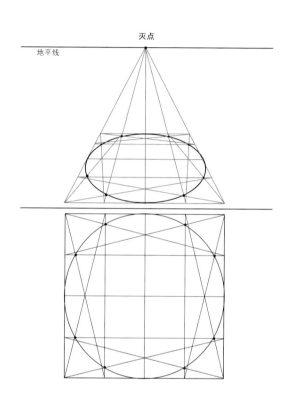

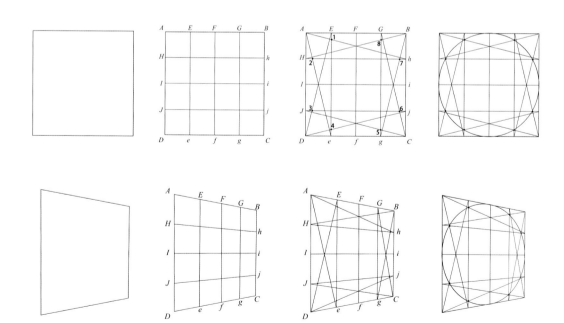

7.7 绘制有透视关系的平面图

7.7.1 一点透视关系中的正方形

正方形在一点透视关系中的展示图如下所示。

平面图

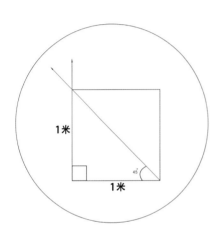

1

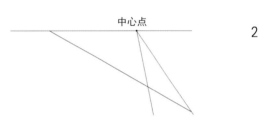

2

3

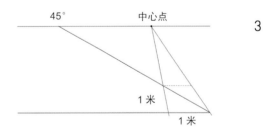

4

7.7.2 两点透视关系中的正方形

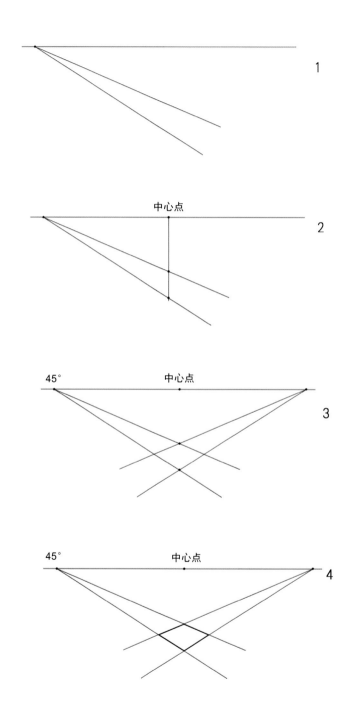

7.8 珠宝设计中的建模

7.8.1 一点透视首饰建模步骤解析

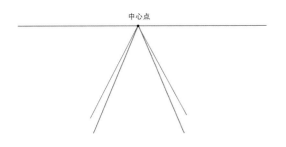

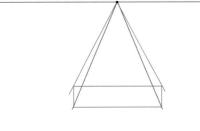

Step 1

画出地平线并定好中心点。由中心点向外画
出 4 条放射线。放射线之间的间距决定了立
方体的尺寸和形态。

Step 2

在绘好的放射线上画出立方体距离视点最近
的一个面。

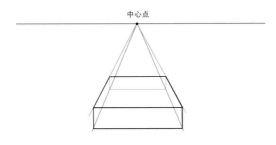

Step 3

画出立方体靠近中心点的面。

7.8.2 两点透视首饰建模步骤解析

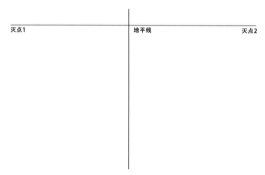

Step 1

画出地平线和视中线，定好中心点。

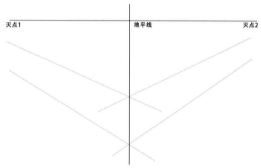

Step 2

在中心线上确定建模高度，画出所建模型两
个侧面灭点方向的射线（原理见两点透视）。

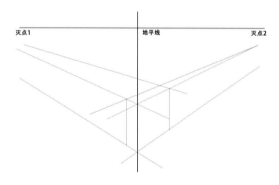

Step 3

在中心线两侧画出与地平线垂直的线条，并
将产生的交点向灭点方向画直线。

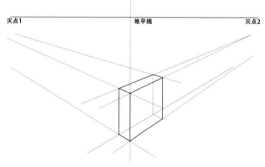

Step 4

将下边角与两侧灭点连接，补全所建模型的
线条。

7.9 运用透视规律绘制戒指

有经验的设计师可以直接在纸上勾画出立体的造型，但是初学者需要了解和使用几何形体归纳法，也称"建模"的逻辑，让头脑中建立起空间关系和立体感。学会和熟练掌握这个方法后，模型会自然"隐藏"在脑海中，再创作时就能轻松画出富有立体感的造型了。

在前几节讲解的透视知识基础上，进一步讲解如何用建模的方法并逐步绘制首饰。

7.9.1 不同角度戒指的绘制

我们在视中心线上列举了 3 个不同角度的建模立方体，这 3 个角度的戒指效果图如下所示。

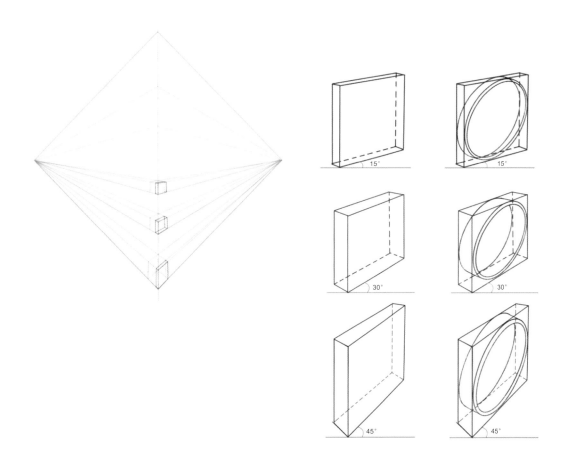

珠宝设计师在绘图时，如果设计中突出的主体是主石，通常会选择 45° 的视角呈现首饰造型，效果图如下所示。

7.9.2　一点透视的宽窄戒指建模步骤解析

宽戒

窄戒

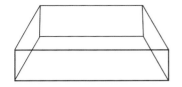

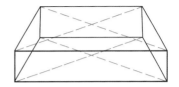

Step 1

根据一点透视原理，画出立方体模型。

Step 2

连接模型顶面和底面的对角线，确定十字
中心点。

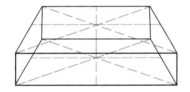

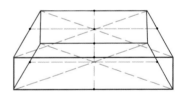

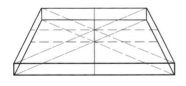

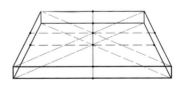

Step 3

利用顶面和底面的十字中心点，分别向两
侧延伸，画出顶面和底面的十字中心线。

Step 4

根据顶面和底面的十字中心线，得到十字
中心线与轮廓线的 4 个交点。

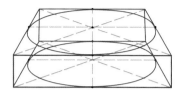

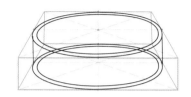

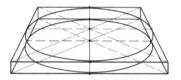

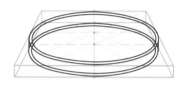

Step 5

通过连接顶面和底面的 4 交点，在上下
两个平面上分别得到两个椭圆形。

Step 6

在顶面和底面分别画出符合所画戒指厚
度的同心圆。

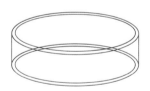

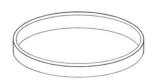

Step 7

将上下两个椭圆的左右边界用直线纵向连接，
去掉模型（建议模型分步骤绘在硫酸纸上，
此时可以直接拿掉建模的硫酸纸）。

Step 8

擦去空间关系中会被遮挡的线条，得到
完整的戒指，完成绘制。

戒指距离观察者的视点距离示意图如下所示。

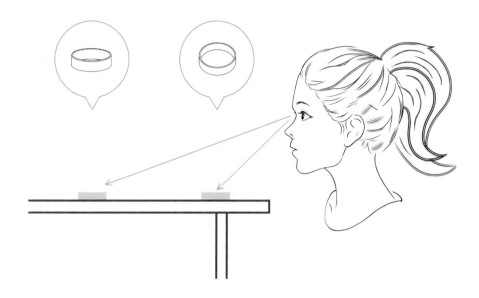

　　距离观察者视点更近的戒指，因为观察距离近，所以在建模时根据透视规律，两侧的长边要相应延长，代表厚度的立方体的高度也要相应缩短，如下图所示。

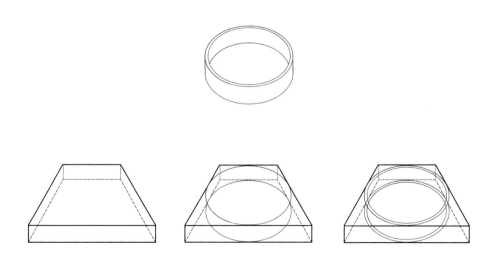

总结

距离观察视点越近，侧边越长。
距离观察视点越远，侧边越短。

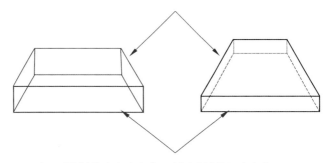

由于观测的距离发生变化，所以建模的厚度变薄。

错误案例

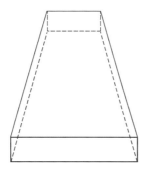
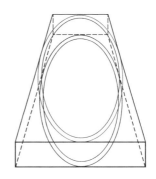

上图出现的问题在于建模不符合透视规律，我们绘制的是一枚圈口为正圆的戒指，所以应该创建以正方形为基础的模型，但是正方形在一点透视中不会出现 b 边长于或等于 a 边的情况，如果绘制的是一只圈口为椭圆的贵妃镯，那么如上图的建模就是正确的。

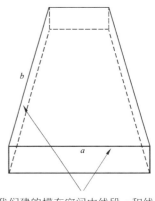

由于我们建的模在空间中线段 a 和线段 b 是等长的，所以当角度发生一点透视变化时，线段 b 永远不会长于线段 a。

7.9.3 两点透视戒指建模步骤解析

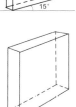

Step 1
根据所画戒指的角度
决定建模的角度，通
常角度的设定为15°、
30°、45°等。

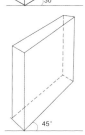

Step 2
通过连接已建好
模的前后面对角
线，确立前后面
的中心点。

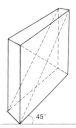

Step 3
由确定好的中心点向四
边形的四边画线，所画
的线垂直或平行于四边
形的四条边，相交后产
生的交点为下一步画圆
的必经轨迹。

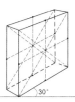

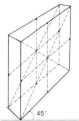

Step 4
将上一步确定的十字线
与四边形产生的交点连
接，在立方体的前后面
画出圆形的轨迹。

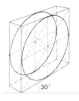

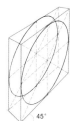

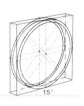

Step 5

在已经画好的圆形中找到同心圆，同心圆与外圆之间的距离决定了戒臂的厚度。

Step 6

将已画好的前后圆用直线连接。

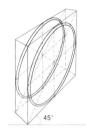

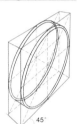

Step 7

擦除辅助线，此处擦去的是在实体戒指中看不见的、被遮挡住的线条。

Step 8

擦除建模的辅助线，完成戒指的绘制。

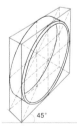

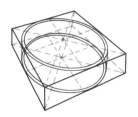

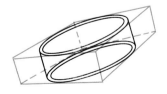

7.9.4 弧面戒指建模步骤解析

横截面为半圆

弧面戒指剖开的横截面是半圆，平面戒指剖开的横截面是长方形，弧面戒指的表面是拱起来的，在所建模型不变的情况下，不能把弧面戒指完整地装在立方体里，所以弧面戒指的建模思路是在绘制完成的平面戒指的模型基础上，把已建好的模型向外延伸。

弧面戒指的绘制步骤

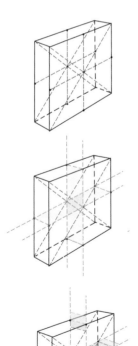

Step 1
根据两点透视原理，建立绘制戒指的模型的具体步骤参照前文所述。

Step 2
选定模型所要向外延伸的立面，左图灰色标注的是立方体前后面的十字中心线的连线所形成的立面。

Step 3
分别将立方体前后面的十字中心线向四个方向延长。

Step 4
由于所绘弧面戒指的横截面是半圆的，所以向外延伸出正方形的一半可以得到半圆，同时向中心点方向画出正方形的另一半。这样在立方体内部和外部的立面可以拼成一整个小正方形，通过这个小正方形画出有透视角度的正圆，这样延伸出立方体的部分自然是一个半圆。

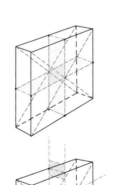

Step 5
蓝灰色部分为延伸出去的半个正方形。

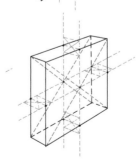

Step 6
将四个方向的小正方形用对角线连接，确定中心点。

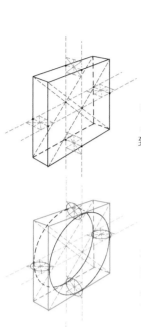

Step 7

利用小正方形定好的中心点，画出十字中心线，得到中心线和四条边的交点。

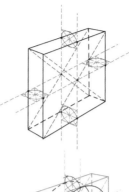

Step 8

将小正方形四条边的交点连接起来，得到四个圆，完成所有定点工作。

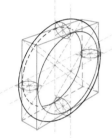

Step 9

在立方体前面的正方形中画出决定戒指圈口的圆，后面的正方形不需要画整个圆，因为有一部分在空间中会被遮挡。

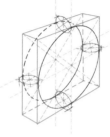

Step 10

定好延伸到模型外面的四个点，这四个点位于小椭圆形的外沿。

Step 11

将定好的外沿的四个点连成一个椭圆形，即这枚戒指的轮廓。

Step 12

擦除建模图形和辅助线，得到一枚弧面戒指。

7.9.5 凹面戒指建模步骤解析

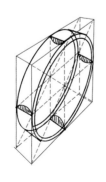
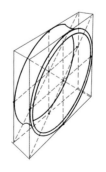

凹面造型的戒指与弧面造型的戒指绘制思路相似，通常戒指表面不会凹下去半个圆，所以在画凹面辅助线的时候按照实际情况绘制即可。

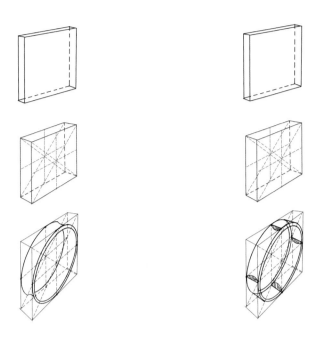

有了对透视法的初步认识，我们就需要把原理运用到更加复杂的绘制中去，因为日常设计中画光圈基础款戒指的情况不多，所以需要更加深入地学习透视的绘画原理。例如，上宽下窄的戒指、上窄下宽的戒指、马鞍戒、有一颗主石的戒指、主石周围镶配石的戒指、扭臂戒指等，这些才是设计师在日常工作中经常会遇到的情况。

7.9.6　上宽下窄戒指建模步骤解析

因为戒指是上宽下窄的造型，所以代表戒指厚度的侧面也要绘制成上宽下窄的。

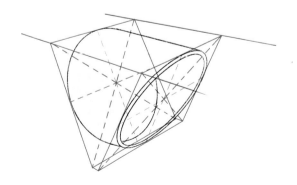

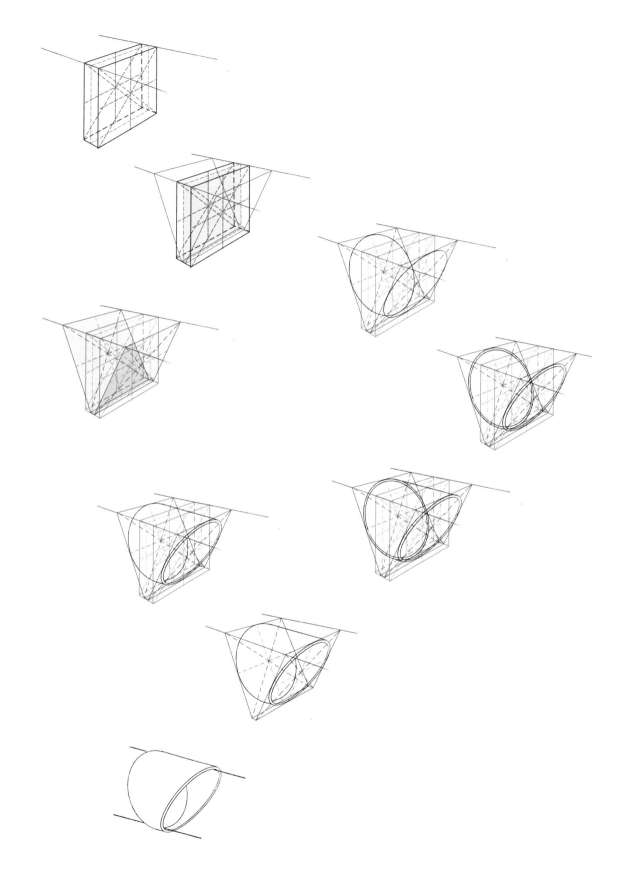

7.9.7　上宽下窄弧面戒指建模步骤解析

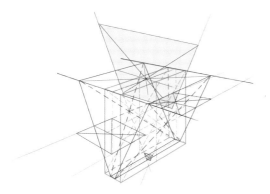

Step1

上宽下窄弧面戒指的建模可以从平面上宽下
窄戒指模型的 Step 4 开始绘制，与前面学
过的弧面戒指建模的思路相同，通过向四个
方向延伸出半个圆形的方式来定点。

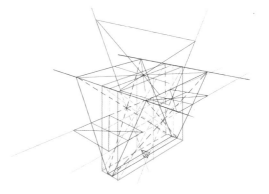

Step 2

在已有的基础模型上，通过向上下左右四个
方向做空间延伸，在基础模型的外侧延伸出
半个正方形，与内部的半个正方形能够拼成
一个立体空间中的正方形（粉色图形）。

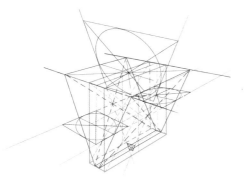

Step3

在得到了向外延伸的平面空间后，根据粉色
正方形画出正圆（立体空间中的正圆，在平
面的角度观察为椭圆），通过四个方向的正
圆确定需要的点。

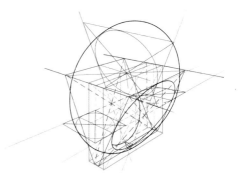

Step4

连接延伸空间得到的几个关键点和基础模型
内的关键点，可得到上宽下窄的弧面戒指。

7.10 刻面宝石的透视画法

前面介绍的都是运用透视规律画一枚没有镶嵌的戒指，但珠宝设计主要是围绕珠宝进行的，所以我们需要知道钻石、彩色宝石等如何运用透视关系画出立体图。

7.10.1 圆形刻面宝石透视画法

Step 1

根据一点透视原理，画出正方形的透视图，平面绘制效果是梯形。

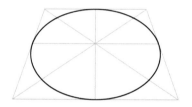

Step 2

连接梯形的对角线，确定中心点，引出中心线和梯形的交点，连接成椭圆形。

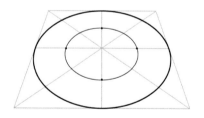

Step 3

在横竖两条十字中心线上确定决定台面宽度的四个点，并连接成圆。内圆与外圆保持形态一致，如果绘制的是圆钻，台面的占比需要符合钻石切工标准。53%～57%的台宽比为较好的切工。

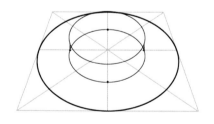

Step 4

利用上一步画好的圆向上延伸画出一个圆柱体，由于钻石从侧面观察台面的高度是在腰楞平面之上的，所以 Step 3 绘制的圆形仅代表台面的面积比例。画出圆柱体后，圆柱体的顶面才是宝石台面所在的位置。

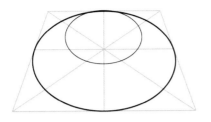

Step 5

保留圆柱体的顶面，擦除底面。

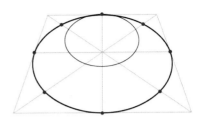

Step 6

确定绘制风筝面所需要的关键点。圆钻的冠部共有八个风筝面，台面上有八个风筝面的顶点，外轮廓有八个风筝面的底端点，底端点位于建模时梯形的中心线、对角线与外圆的交点。

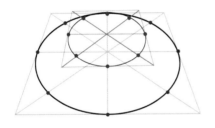

Step 7

在台面所在的平面上，贴合椭圆画出符合透视关系的边框，通过连接边框的对角线和中心线找到风筝面的八个顶点。

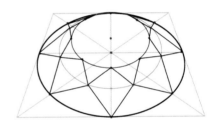

Step 8

如上图所示画出辅助线，通过连接关键点绘制风筝面。

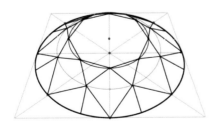

Step 9

将台面的八个点连接，台面由椭圆形变成八边形。

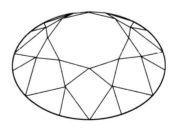

Step 10

擦除辅助线，完成绘制。

7.10.2 椭圆刻面宝石透视绘制方法

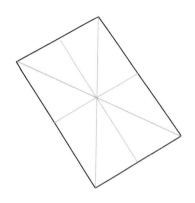

Step 1

根据两点透视原理,画出椭圆宝石的建模。

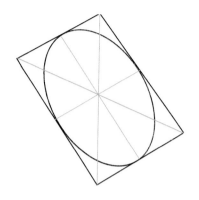

Step 2

通过连接中心线和对角线得到的关键点,
画出椭圆形。

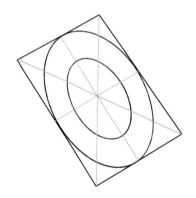

Step 3

根据宝石台宽比,画出决定椭圆形宝石台面比例的
椭圆(实际绘图中可参照实物的台宽比)。此椭圆
形台面不是最终台面的位置,所以下笔要轻。

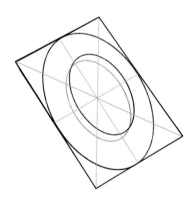

Step 4

根据宝石的台面和腰部平面产生的高度差,将已经
定好的中心椭圆,向台面所在的平面平移。

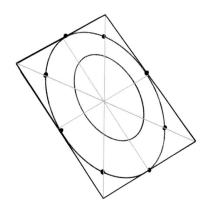

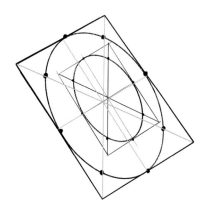

Step 5

通过十字中心线和长方形的对角线，找到位于
外椭圆轮廓线上的八个辅助点。

Step 6

将台面的椭圆进行模型还原，沿着台面椭圆
画出与宝石外模型平行的长方形。

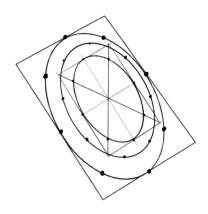

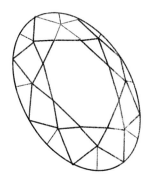

Step 7

通过对角线和十字中心线找到台面椭圆的八
个辅助点。

Step 8

将台面椭圆的八个辅助点和外轮廓椭圆的
八个辅助点连接，把台面的椭圆连成切面，
擦除辅助线，完成立体角度的椭圆形刻面
宝石的绘制。

7.10.3 心形刻面宝石透视绘制方法

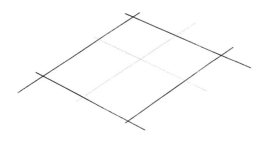

Step 1
根据两点透视原理，画出心形宝石的建模。

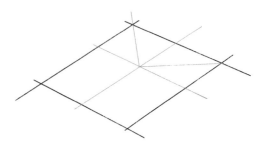

Step 2
根据心形宝石的平面结构，画出中心线。

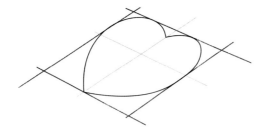

Step 3
根据确定好的关键点，画出心形。

Step 4
根据宝石台宽比，画出决定宝石台面比例的心形（可参照实物的台宽比进行绘制），此心形不是最终台面的位置，所以下笔要轻。

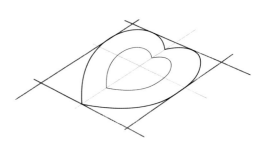

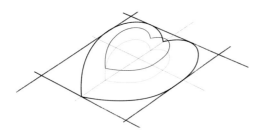

Step 5
根据宝石的台面和腰部的平面产生的高度差，将已经画好的心形向台面所在的平面平移。

Step 6

通过十字中心线和长方形的对角线找到位于轮廓线上的九个辅助点（心形有九个风筝面，所以对应九个风筝面的顶点）。

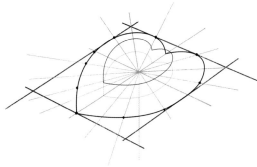

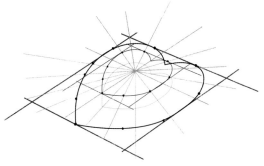

Step 7

将台面的心形进行模型还原，沿着台面的心形画出与宝石外模型平行的长方形，并找到心形内轮廓的九个辅助点。

Step 8

找到心形风筝面两边端点连线轨迹的辅助线，并在这条线上根据风筝面的分布，标记出风筝面两侧的九个端点，其中后面被遮挡住的部分可省略。

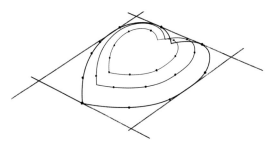

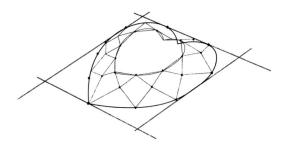

Step 9

连线以上步骤确定的辅助点，完成绘制。

Step 10

擦除辅助线。

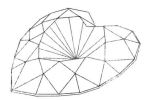

7.11 宝石与戒指的组合透视绘制解析

前面我们介绍了戒指圈和单颗宝石的透视画法，下面介绍如何把戒指圈和宝石组合在一起进行透视绘图。

组合透视就是将前面学过的戒指圈和宝石的透视串联起来，如果是单颗主石的镶嵌款，可以想象成一串糖葫芦，把戒指圈的模型和宝石的模型上下串联起来，而糖葫芦中间的竹签就代表中轴线。

主石为圆钻的戒指在进行透视角度建模的时候，将戒指拆分成两部分，上半部分为圆形主石，下半部分为戒指圈。两组模型通过一根中轴线组合在一起。由于主石与腰棱、腰棱与底尖亭部的位置有一定的高度差（如下图所示），所以两组模型可以通过中轴线进行高度的调整，将主石放置在合理的位置。

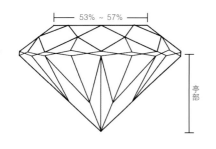

为了方便绘图，可以将戒指圈放在一张硫酸纸上建模，水滴主石放在另一张硫酸纸上建模。如果在绘制中发现错误只需要在对应的硫酸纸上进行修改，不会破坏整体效果。同时两张硫酸纸叠加，沿中轴线移动时只需要移动硫酸纸就可以达到目的，从而提高绘图效率。

7.11.1 圆钻戒指的透视画法

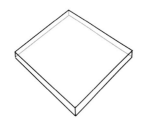

Step 1
根据戒指的角度，画出主石的模型。

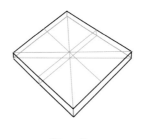

Step 2
画出模型的对角线和中心线。

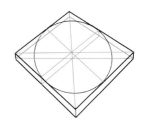

Step 3
根据中心线和外轮廓的交点画出主石的轮廓。

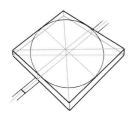

Step 4
根据主石模型，确定戒圈建模的位置。

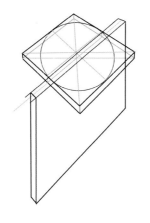

Step 5
根据确定的位置，完善戒圈的建模，戒圈的模型和主石的模型属于同一个空间，所以两者之间要符合透视规律。

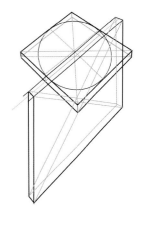

Step 6
画出戒圈模型的辅助线。

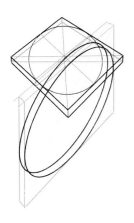

Step 7
根据辅助线画出戒圈模型中的椭圆。

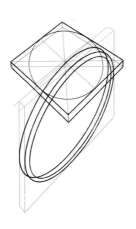

Step 8
画出戒圈的厚度。

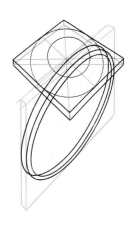

Step 9
根据主石台面的台宽比，画出台面的辅助圆。

Step 10

初步确定主石和戒圈的比例。

Step 11

擦除被遮挡的辅助线。

Step 12

还原主石和主石台面的建模梯形辅助线。

Step 13

根据还原的台面梯形，确定主石台面八个风筝面的顶点。

Step 14

根据还原的轮廓梯形，确定主石八个风筝面在轮廓线上的八个点。

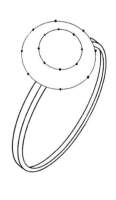

Step 15

在外轮廓和台面上标注风筝面的关键点，擦除辅助线。

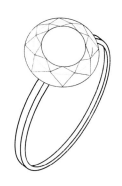

Step 16

连接确定的关键点，画出八个
风筝面。

Step 17

擦除辅助线。

Step 18

画出主石的镶爪，完成绘制。

7.11.2 水滴形钻石戒指的透视画法

水滴主石的戒指建模思路与圆钻主石的戒指建模思路基本一致，将主石和戒圈拆分成两部分，分别绘
制在不同的硫酸纸上，把两张硫酸纸叠加组合，调整两部分的位置关系，画出镶爪。

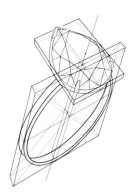

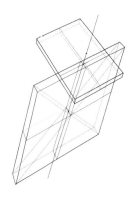

Step 1

根据所绘戒指的角度，创建主石的
模型并画出十字辅助线。

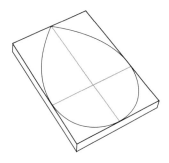

Step 2

根据模型画出水滴形宝石的
轮廓。

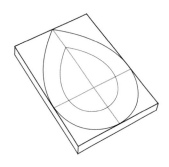

Step 3

根据宝石的台宽比，画出宝石台面
的水滴形。

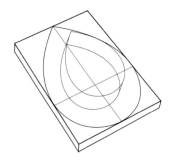

Step 4

根据腰棱和台面之间的高度差，
将水滴形台面上移。

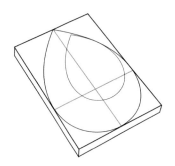

Step 5

擦除绘制水滴形台面时的
辅助线。

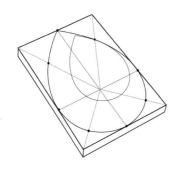

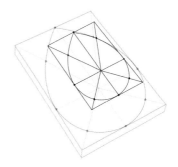

Step 6

从中心点向模型的四个角连线，与水滴形轮廓产生四个交点，加上十字辅助线与水滴的四个交点，总计得到风筝面的八个顶点。

Step 7

沿着水滴形台面画出与初始模型平行的长方形建模，通过中心线与长方形模型四个角的连线，十字线与长方形模型的连线的交点，共确定八个点。

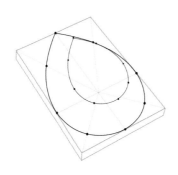

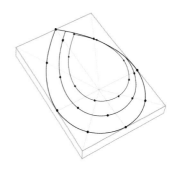

Step 8

擦除建模的辅助线。

Step 9

画出风筝面两边端点的连线，并找出风筝面左右两端的八个端点。

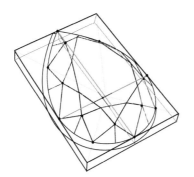

Step 10

将找出的关键点连接，得到有透视角度的水滴形刻面宝石，此步可以在一张新的硫酸纸上进行绘制，将前面步骤的建模留在上一张硫酸纸上。

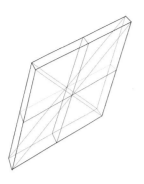

Step 11

根据水滴主石的建模空间关系，确定戒圈的建模角度。

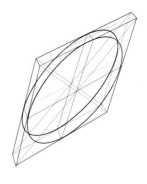

Step 12

根据建好的戒圈模型画出戒圈。

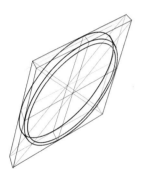

Step 13

画出戒圈的厚度。

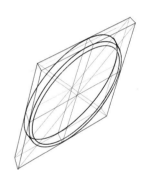

Step 14

将已经绘制好的主石和戒圈通过中轴线进行组合，调整高度，画出主石的镶爪，完成绘制。

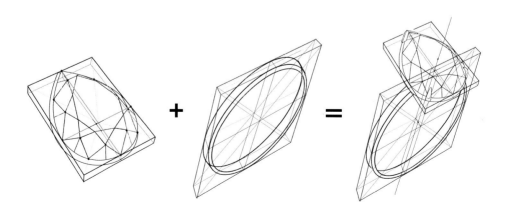

7.11.3 马鞍形戒指的透视画法

马鞍形戒指的透视画法

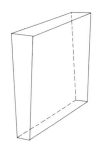

Step 1

根据角度进行戒圈的建模。

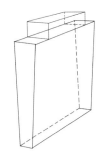

Step 2

在戒圈模型的基础上，叠加戒面的模型，高度和厚度取决于主石的大小。

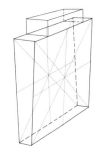

Step 3

画出戒圈模型的十字辅助线及对角线。

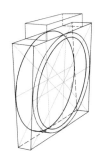

Step 4

根据戒圈模型的辅助线画出马鞍戒的戒圈。

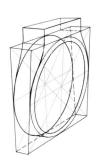

Step 5

将戒圈和戒面的模型连接。

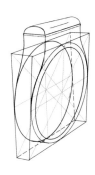

Step 6

将戒面的弧度画完整，完成绘制。

7.11.4 椭圆形配钻戒指的透视画法

　　带有配石的戒指在建模的时候需要分为主石和戒圈两部分，主石建模的时候要把配石的位置和空间考虑进去，预留配石的空间。规则的配石要规划好摆放顺序和间隔等，不规则的配石要提前考虑好排列方式。

椭圆形配钻戒指的透视画法

Step 1

根据展示角度画出主石整体的模型，包括椭圆主石和配石两部分。

Step 2

通常主石画出配石，所以在主石模型的基础上加高。

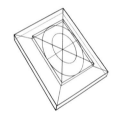

Step 3

通过连接对角线和中心线画出椭圆主石的轮廓。

Step 4

根据台宽比，确定椭圆主石台面的比例。

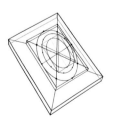

Step 5

将台面提升，画出风筝面两边端点连线的轨迹，确定台面及轮廓等能够连接刻面的关键点。

Step 6

将上述步骤找到的关键点连接，得到椭圆刻面宝石的透视图。

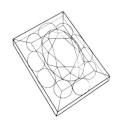

Step 7

根据戒指的款式画出旁边的配石。

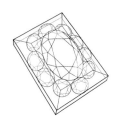

Step 8

根据配石不同朝向的变化画出配石的刻面，台面的朝向随着位置的变化而变化。

Step 9

擦除建模辅助线，画出镶爪。此步建议画在一张新的硫酸纸上，将上述建模步骤画的内容留在上一张硫酸纸上。

Step 10

根据主石建模的空间关系画出戒圈的模型。

Step 11

根据戒圈建模画出戒圈。

Step 12

将戒圈绘制完整，再画出戒臂镶配石的金属槽。

Step 13

将主石和戒圈根据蓝色十字辅助线进行组合，擦除辅助线，完成绘制。

　　以上是通过建模的方式，绘画珠宝的方法，基础薄弱的初学者画起来可能有些难度，但是建模绘图的方法可以帮助初学者建立空间感，学会透视法有助于帮助创作者把天马行空的想法表现出来。为大家提供这种思路是为了丰富绘图经验，希望大家能够活学活用。

7.12 根据三视图画出透视图

珠宝设计师在日常工作中会遇到不同层次的客户，尤其是面对一对一定制服务的客户，他们可能会拿出一张模糊不清的照片要求设计师根据照片还原设计，也可能只提供一张单一角度的没有表现出太多细节的图片要求照图设计，还可能有人不理解三视图的表达只能看懂透视图，所以具备空间想象力和细节理解分析能力是设计师必备的技能，这考验着一个设计师的透视转换能力和细节把握能力。

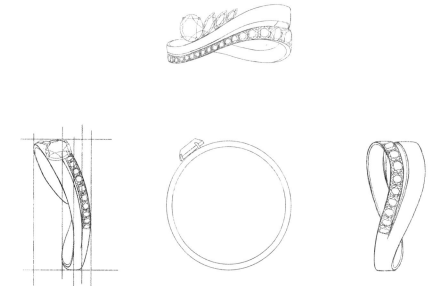

以一枚不对称的戒指为例，如何根据已知设计和细节画出戒指的透视图呢？

通过分析发现这枚戒指属于不对称造型，前文的设计案例中的戒指都是直臂对称的，如果把建模的立方体切开分层，直臂戒指不需要考虑跨越空间层次的问题，而扭臂戒指左右两侧的线条需要跨越分层。

右图中的曲线通过建模的方式，将这根线条进行了透视解析，把线条中的每一段归纳到一个立方体中，能清晰地反应出这根线条的行进轨迹和前后纵深感。

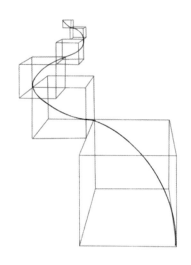

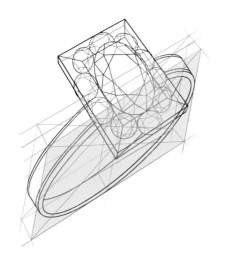

如左图所示，如果把戒圈建模的立方体进行层次划分，这枚戒指的戒臂仅有两个层次，不涉及更多的空间层次。

如下右图所示，在对扭臂戒指的戒臂曲线进行层次划分时，跨越了多个层级，我们将它的侧视图用颜色进行划分。红色代表戒指上端的边界；橙色代表戒指左侧下端的边界；黄色代表戒臂的边缘；绿色代表戒臂两条曲线的分界；蓝色代表戒臂右侧的边界。这几种不同颜色的划分代表我们对这枚扭臂戒指层次划分的理解，下面将根据曲线透视来进行逐一讲解。

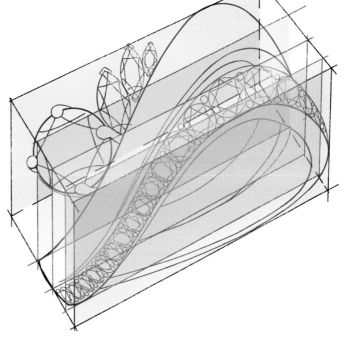

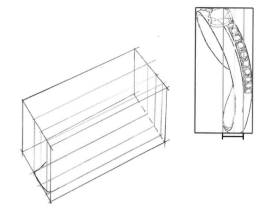

Step 1

根据三视图中的层级划分，判断所需建模厚度和层数，依据透视原理用不同的颜色绘制立方体。

Step 2

根据侧视图的空间层次划分，可以判断戒臂宽度位于橙色线条和绿色线条之间，在所建模的透视关系中找到并画出戒臂宽度。

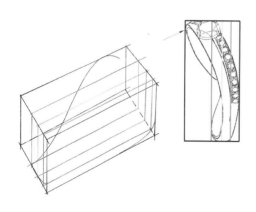

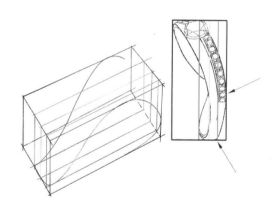

Step 3

根据侧视图的空间层次划分，侧视图中戒指的边界贴在红色层的边缘，所以在透视关系中将线条跨越中间层次，向红色层次延伸。

Step 4

根据侧视图的空间层次划分，侧视图中右侧戒臂边缘贴合蓝色分层线，下端贴合绿色分层线，所以透视的中线条的走向也是位于不同空间层次的。

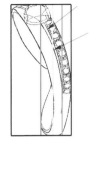
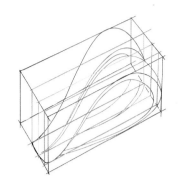

Step 5

根据侧视图的空间层次划分，戒指臂分为两部分，一部分镶嵌配石，一部分是金属，画出两条戒臂的分界线。绘制透视图时，视线的观测范围主要落在戒指的中上段，所以画戒臂分界线时是由黄色分层线向橙色分层线延伸。

Step 6

根据已经画出的轮廓线，再画出两条戒臂的厚度，剩下的部分可以根据经验结合整体的透视关系进行推测。

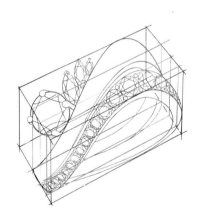

Step 7

根据三视图中主石和配石的位置，在所建模型中遵照透视关系画出主石和配石。

Step 8

擦除辅助线，运用多角度三视图和透视图完成宝石的绘制。

7.13 根据规定尺寸将平面图转化为透视图

7.13.1 回转叠合法

下面介绍一种通过已知的平面尺寸转化为透视图的制图方法，这种制图方法常用于建筑制图中，理论基础是画法几何中的两点透视。

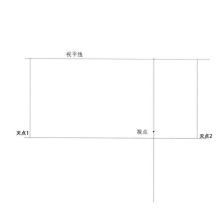

Step 1

确定视平线、中线、水平线、视点和灭点。

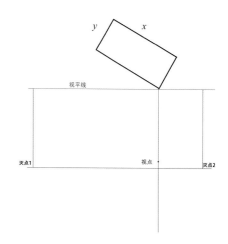

Step 2

画出已知长度为 x，宽度为 y 的立方体。

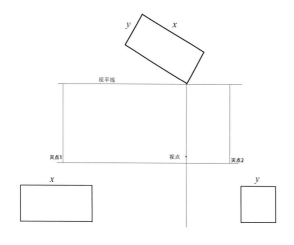

Step 3

将立方体的正视图和侧视图画在视中线两侧。

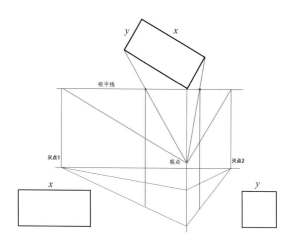

Step 4

由视点向立方体左右的边角连线，并在水平线下方，根据已知的立方体的高度，向两侧的灭点连线（紫色）。

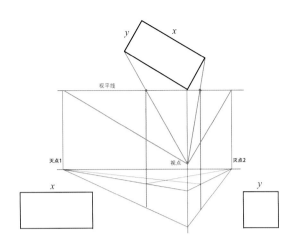

Step 5

视点与立方体连线通过视平线后产生了两个交点，
两个交点向下画垂直线（蓝线）与紫线产生交点。

Step 6

将蓝线与紫线产生的交点向两侧的灭点连线后，
便得到了立方体的透视图。

7.13.2 回转叠合法在珠宝绘画中的运用

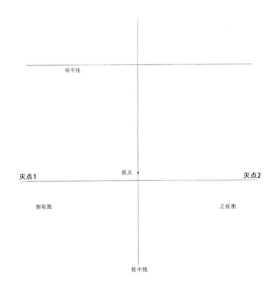

Step 1

确定视平线、视中线、水平线、灭点和
视点的位置。

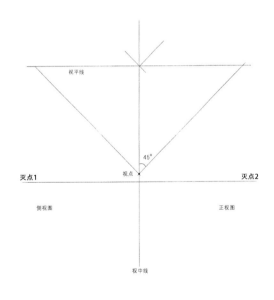

Step 2

以视中线为中心，由视点向左右两侧以45°为
夹角，画出放射状直线与视平线相交。确定戒
指平面图的摆放角度与放射状直线保持平行。

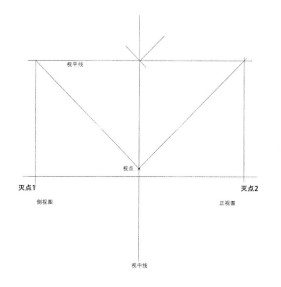

Step 3

由两条放射状直线和视平线产生的两个交点
向下画垂直线，垂直线与水平线形成的交点，
即灭点 1 和灭点 2。

Step 4

在视平线上画出戒指的平面图，确定戒指的
长度和宽度。同时将戒指的正视图和侧视图
画在视中线两侧。

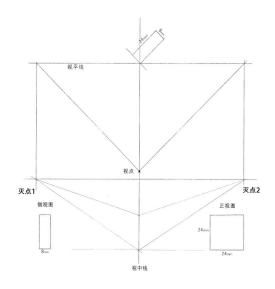

Step 5

根据戒指已知的高度，在视中线上标注好位
置后，向两侧灭点连线。

Step 6

将戒指平面图的左右两侧端点向视点连线，
连线与视平线产生两个交点。

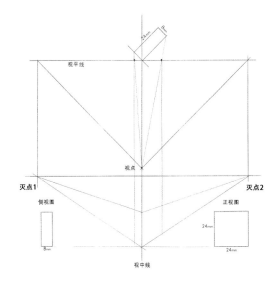

Step 7
将视平线上的两个交点向视点方向画垂直
线，得到透视立方体的左右两边。

Step 8
将透视立方体的结构补充完整。

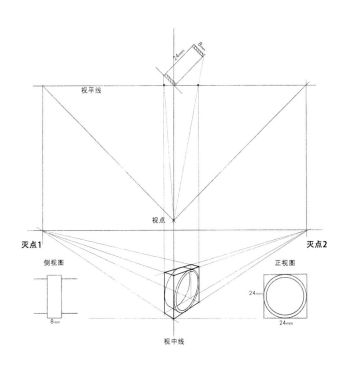

Step 9
根据已知的戒臂厚度，画出
透视图的戒臂内圈。

Part
8

三视图的
理解和运用

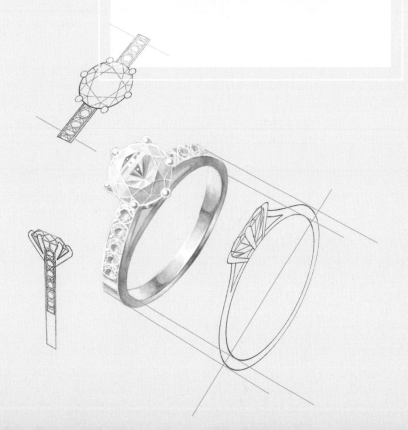

8.1 三视图的基本原理

8.1.1 珠宝设计的三视图

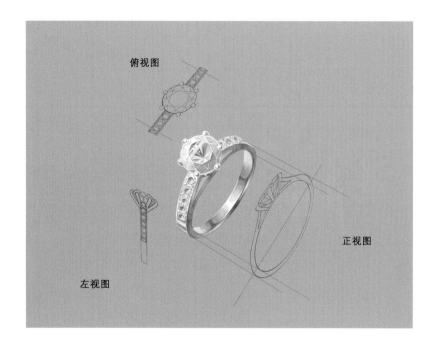

三视图是指能够正确反映物体长度、宽度和高度的工程图。从生产的角度来看，珠宝产品依然属于工业产品的范畴，所以珠宝设计的三视图应该按照工业产品的生产要求来绘制图纸。对于珠宝设计来说，三视图能够从各个角度清晰地反映珠宝的细节，为之后绘制透视图提供了理论基础和参照依据。在把握正视图、俯视图、左视图三个不同角度细节的同时，也是创作者帮助自己梳理思路的过程。

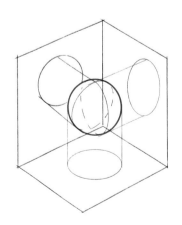

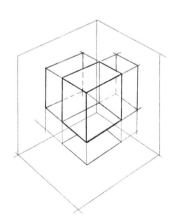

8.1.2 三视图在珠宝手绘中的意义

首先，透视图和三视图在首饰设计的计划和准备阶段，是一种必不可少的绘画方法，它为参与执行设计和制作首饰的工作人员提高了沟通效率；其次，如果作品仅停留在二维平面图上，会存在很多制作隐患，尤其是进行戒指设计的时候，尽可能详细地绘制三视图可以避免很多不必要的麻烦。

8.1.3 绘制三视图的注意事项

● 绘制三视图是绘制草图之后的第一步，通常珠宝设计的绘图步骤是草图→三视图→透视图，最后根据需求画上色的正稿。

● 三视图通常与实物等大，在有主石的情况下，可以按俯视图也就是平面图或正视图绘制，正视图需要确定戒圈直径、戒臂厚度和主石尺寸，平面图需要确定主石的长宽和戒指的宽度。

● 三视图的摆放顺序如下图所示，当戒指左右不对称时，需要画左右两个侧视图。

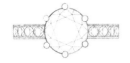 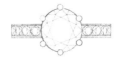 

三视图的摆放顺序

8.1.4 刻面宝石琢型三视图

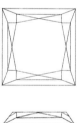

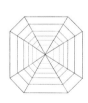

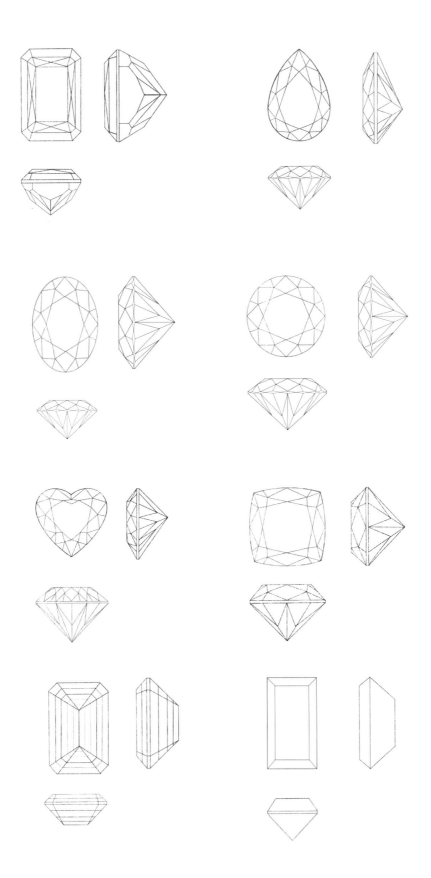

8.2 三视图的画法

8.2.1 弧面戒指的三视图

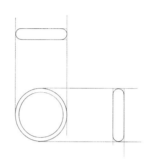

弧面戒指的三视图

Step 1

从正视图开始绘制，确定戒指的外圈大小。

Step 2

根据戒臂的厚度确定戒指内圈的尺寸，1.5～2mm 是普通女戒商业款常用的尺寸，超过 2mm 以上，佩戴起来可能造成两个手指之间有缝隙，影响佩戴舒适度。

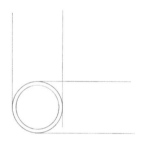

Step 3

沿正视图分别向上和右绘制辅助线。

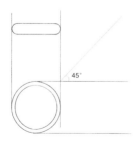

Step 4

画出 45°辅助线，根据正视图的辅助线绘制俯视图，俯视图确定了戒面的宽度，男士戒面的宽度通常在 40～50mm。

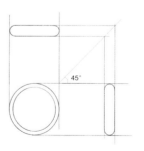

Step 5

根据正视图的辅助线绘制侧视图，侧视图决定着戒指侧面的细节和宽度，完成绘制。

8.2.2 平面戒指的三视图

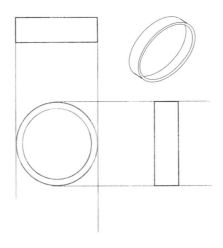

8.2.3 上宽下窄戒指的三视图

上宽下窄的戒指三视图绘制步骤与平面戒指的三视图相似,但在绘制侧视图时,因为上下宽度不同,所以侧视图中戒指末端的宽度对戒指的成型起着至关重要的作用,末端的宽度是佩戴在手指内侧的宽度,太宽或者太窄都会影响佩戴感受。

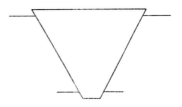

8.3 珠宝首饰三视图案例

8.3.1 钻石戒指的三视图

钻石戒指三视图

Step 1
根据十字中心线画出俯视图中的主石。

Step 2
戒臂的宽度等于戒圈内壁的厚度×2，根据计算结果画出左右戒臂。

Step 3
根据设计画出主石的镶爪。

Step 4
画出戒臂配石的镶边、配石和小爪，注意配石的形状应随着台面朝向的改变，产生不同的透视效果。

Step 5
由主石和戒臂两侧向下画垂直辅助线。

Step 6

画出正视图的主石和戒圈，主石上的风筝
面需要和平面图上的端点一一对应，主石
和戒圈的位置关系决定了镶嵌的高度，主
石底尖不要越过内壁。

Step 7

以俯视图主石的镶爪向下画辅助线，确定
正视图镶爪的位置并画出镶爪。

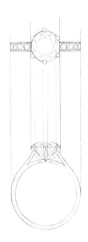

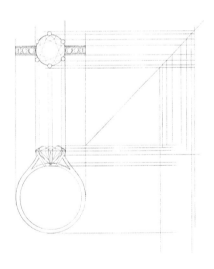

Step 8

将正视图的戒臂和主石连接。

Step 9

根据画好的平面图和正视图画出 45°辅助
线，并利用 T 形尺为需要在侧视图中体现
的主要结构逐一画出辅助线。

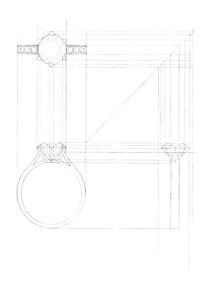

Step 10

根据辅助线确定侧视图的主石和戒臂的尺
寸，侧视图高度与正视图保持一致。

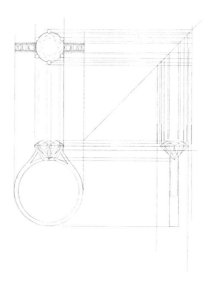

Step 11

将平面图的镶爪利用直角辅助线对应到侧
视图中。

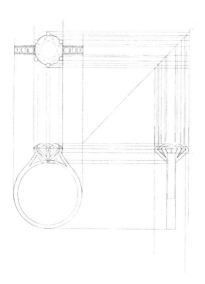

Step 12

根据辅助线确定镶爪的位置，画出侧
视图的镶爪。

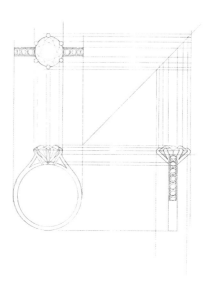

Step 13

画出侧视图戒臂上的小钻和镶爪，
完成绘制。

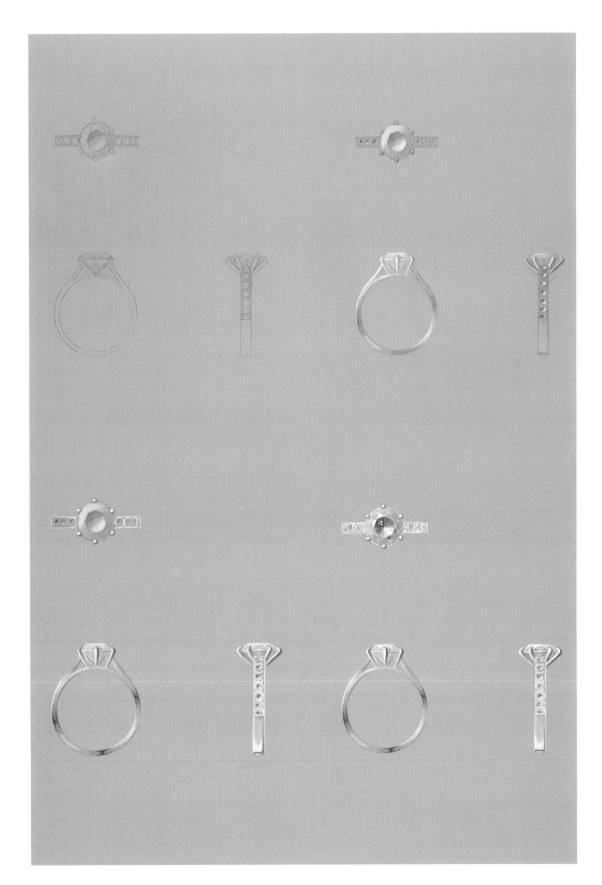

8.3.2 主石伴镶小钻戒指的三视图及色彩效果图

主石伴镶小钻戒指三视图

Step 1
根据十字中心线画出平面图的椭圆形主石。

错误示范　　　　　正确示范

Step 2
画出主石周围镶嵌的圆形配钻，虽然所有配石都是正圆的，但在绘图过程中，圆钻的角度如果不是正对上方的，应根据数量和角度画成椭圆形。

Step 3
在主石两侧画出戒臂，内壁的直径加上戒臂的厚度 ×2，等于戒臂的总长。

Step 4
在戒臂上画出镶边和配镶的小钻，小钻的透视效果随着朝向发生变化。

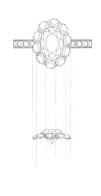

Step 5

根据俯视图中主石的宽度向下画垂直辅助线，画出正视图中的主石。

Step 6

根据俯视图中配石的位置向下画垂直辅助线，画出正视图中的椭圆形配石。

Step 7

画出正视图戒臂的内圈和外圈，因为外圈要与主石结构相连，所以不用闭合。

Step 8

利用俯视图中配石的镶爪向下画垂直辅助线。

Step 9

利用辅助线绘制正视图中主石的镶爪。

Step 10

将主石与戒臂结构连接。

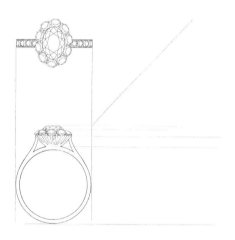

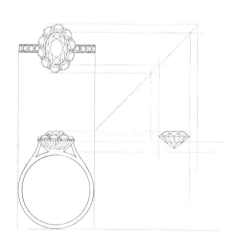

Step 11

借助俯视图与正视图，画出 45°辅助线并确
定侧视图的高度。

Step 12

通过俯视图的直角辅助线，确定侧视图主
石的位置，并画出主石的侧面结构。

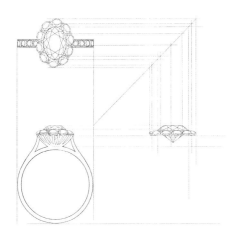

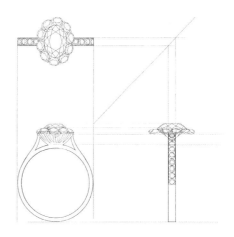

Step 13

通过俯视图的直角辅助线确定侧视图
配石的位置并画出配石，配石高度与
正视图保持一致。

Step 14

借助直角辅助线画出侧视图的戒臂
及戒臂上的配石，戒臂高度与正视
图保持一致。

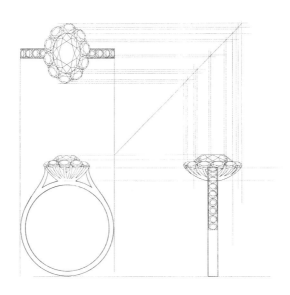

Step 15

借助直角辅助线画出侧视图的配石镶爪，并将配石
与戒臂相连，完成绘制。

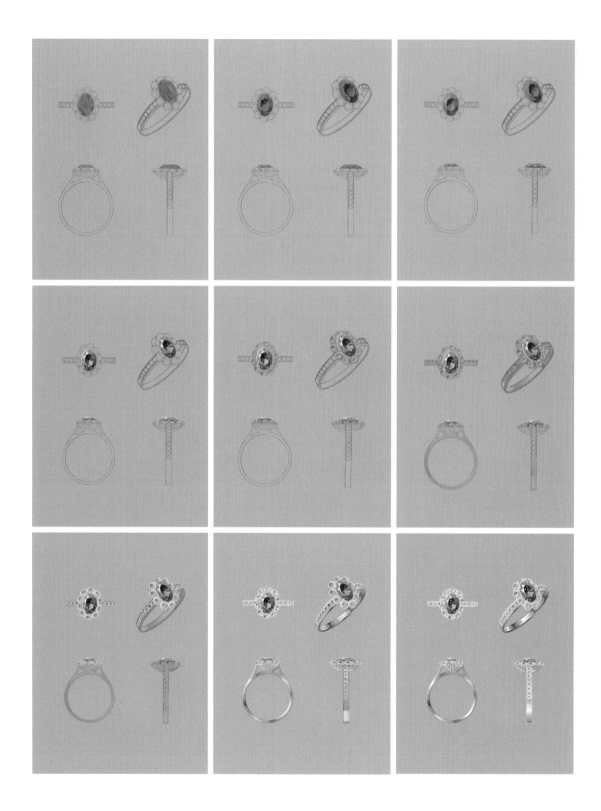

8.3.3 不对称戒指三视图的绘制

Step 1
画出戒指的俯视图。

Step 2
画出正视图的十字中心线,中心线向上
延伸,并与平面图的中心线相连。

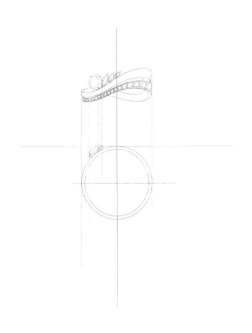

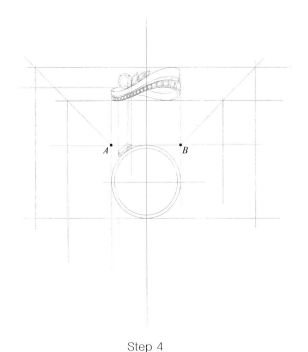

Step 3
根据平面图的结构和主石的位置,从俯
视图两侧向下垂直画辅助线,以确定正
视图各部分结构的位置关系。

Step 4
根据俯视图画出相关辅助线,从 AB 两点
的位置向两侧画出 45°辅助线。

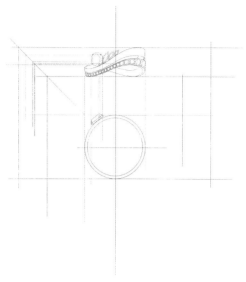

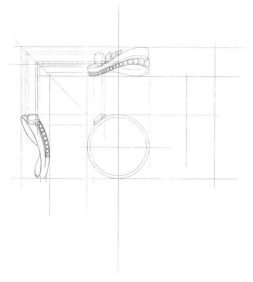

Step 5

俯视图戒指的宽度即右视图戒指的宽度。沿俯
视图向左横向画线，在遇到 45°线时向下转折
90°垂直画线，即右视图的宽度（正视图的右
侧为左视图，正视图的左侧为右视图，正视图
也称为"主视图"）。

Step 6

根据以上步骤绘制的辅助线，可以判断右
视图主石的位置与戒指的宽度等信息，从
而勾勒出右视图的结构。

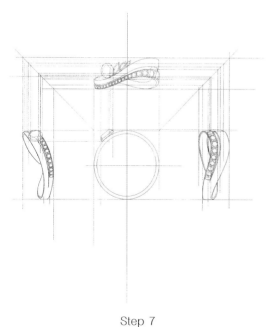

Step 7

同 Step 6，根据俯视图和正视图所推断
出的辅助线，画出戒指的左视图。

Step 8

擦除辅助线，完成不对称戒指三视图
的绘制（实则为四个视角）。

8.4 钻石尺寸对比视觉效果

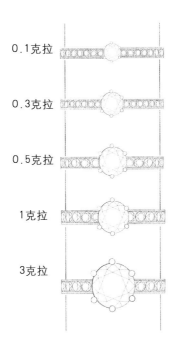

0.1克拉

0.3克拉

0.5克拉

1克拉

3克拉

8.5 戒指型号数据参考

参考	女士小号（较小）				女士均号				女士大号 男士小号	
港号	7#	8#	9#	10#	11#	12#	13#	14#	15#	16#
周长 （mm）	47	48	49	50	51	52	53	54	55	56
直径 （mm）	14.90	15.25	15.55	15.85	16.45	16.50	16.80	17.20	17.50	17.75
美号	4	4.5	4.77	5.25	5.6	6	6.35	6.75	7.2	7.5
	男士均号				男士大号					
港号	17#	18#	19#	20#	21#	22#	23#	24#	25#	
周长 （mm）	57	58	59	60	61	62	63	64	65	
直径 （mm）	18.15	18.4	18.75	19.05	19.3	19.7	20	20.3	20.65	
美号	7.9	8.25	8.7	9.05	9.5	9.85	10.25	10.3	11	

Part 9

珠宝首饰设计成品
效果图绘制详解

9.1 项链

9.1.1 白欧泊项链

Step 1

根据前文介绍的白欧泊绘制方法画出
主石。

Step 2

用深蓝色画出圆形蓝宝石及雕刻的叶
子形蓝宝石配石的底色。

Step 3

用群青加深蓝色,将素面宝石左上
方的颜色加深,绘制方法可参照
前文蓝宝石上色的内容。

Step 4

用蓝宝石底色加少许白色,画出蓝
宝石的亮部并进行晕染。

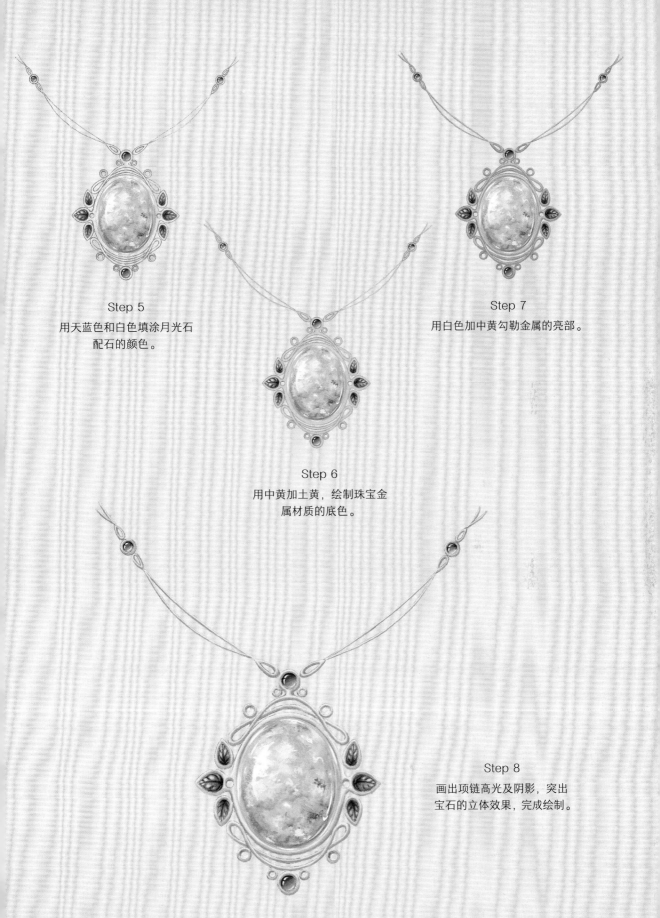

Step 5
用天蓝色和白色填涂月光石
配石的颜色。

Step 7
用白色加中黄勾勒金属的亮部。

Step 6
用中黄加土黄，绘制珠宝金
属材质的底色。

Step 8
画出项链高光及阴影，突出
宝石的立体效果，完成绘制。

9.1.2 金珠项链

Step 1

画出金珠吊坠的铅笔稿。

Step 2

画出金珠，并填充颜色。

Step 3

遵循左上 45°打光原则，
用佩恩灰晕染珍珠周边小
钻的暗部。

Step 4

增强周边小钻台面左上方的
暗部效果。

Step 5

用淡白色画出周边小钻的亮部。

Step 6

用纯白色勾勒周边小钻的刻面线条。

Step 7

在周边小钻的暗部区域画出高光。

Step 8

用白色勾勒链子的造型，用深灰色勾勒链子的暗部，完成绘制。

9.1.3 蓝宝石项链

Step 1
画出蓝宝石吊坠铅笔稿的正面图和侧面图。

Step 2
遵循左上方 45°打光原则，用佩恩灰晕染配钻的暗部。

Step 3
用白色画出配钻的亮部。

Step 4
用勾线笔勾勒配钻的刻面和项链的造型。

Step 5
用深蓝色画出蓝宝石主石的底色。

Step 6
遵循左上方 45°打光原则，用深蓝色加大红色，画出宝石的暗部。侧视图的暗部位于右半部分。

Step 7

用白色画出蓝宝石台面右下
部分的亮部。

Step 8

用白色勾勒蓝宝石的主要刻面
线条。

Step 9

用白色画出蓝宝石左上方的
高光，完成绘制。

9.1.4 彩色宝石项链

Step 1

画出项链的铅笔底稿。

Step 2

画出海蓝宝石和粉色蓝宝石。

Step 3

用白色画出两侧的配钻及金属
结构，为最下端的粉色宝石填
充颜色。

Step 4

画出后方藏有暗扣的玫红碧玺，宝
石上色的详细步骤可参考前文。

Step 5

用白色继续画出镶嵌的白色
配钻及金属结构。

Step 6
用白色细化镶嵌的白色配钻及
金属结构。

Step 7
用白色继续细化和完善镶嵌的白
色配钻及金属结构。

Step 8
调整画面金属结构之间的叠加关系，用佩
恩灰在项链下层画出上层叠加产生的投影
效果，增强画面的厚重感，同时完善和调
整细节，完成绘制。

Step 1

画出雪花吊坠造型的铅笔稿平面图和侧视图。

Step 3

用深红色绘制圆形主石和水滴形配石的暗部。

Step 2

用大红色将主石和水滴形宝石填充
均匀。

Step 4

用淡白色画出宝石台面内的反光。

Step 5

用纯白色勾勒宝石的刻面线条及高光。

Step 6
用纯白色画出白色配钻。

Step 7
用纯白色继续绘制白色配钻,
增加整体的层次感。

Step 8
用纯白色勾勒吊坠的整体轮廓,调
整细节,完成绘制。

9.1.6 祖母绿白钻项链

Step 1
用铅笔画出钻石套装的底稿。

Step 2
用白色和灰色画出 12 颗祖母绿切工白钻的主石和几颗较大的水滴形钻石。

Step 3
用白色和灰色绘制主石旁边的配石。

Step 4
用白色和灰色继续绘制主石旁边的配石，增加整体的层次感。

Step 5

用白色和灰色继续细化主石旁边的配石，形
成明暗对比关系。

Step 6

用白色和灰色绘制其他较小的配石。

Step 7

调整细节，完善主石和配石的
层叠关系，完成绘制。

9.1.7 祖母绿项链

Step 1

用铅笔画出底稿。

Step 2

绘制祖母绿主石和项圈上的黄钻。

Step 3

画出主体部分的黄钻，用佩恩灰和白色绘制主
体部分的金属结构，以及主石两侧的方形白钻。

Step 4

用白色和佩恩灰遵循左上方 45°打光原则画出项
圈的白色金属结构及方形两侧的金属边。

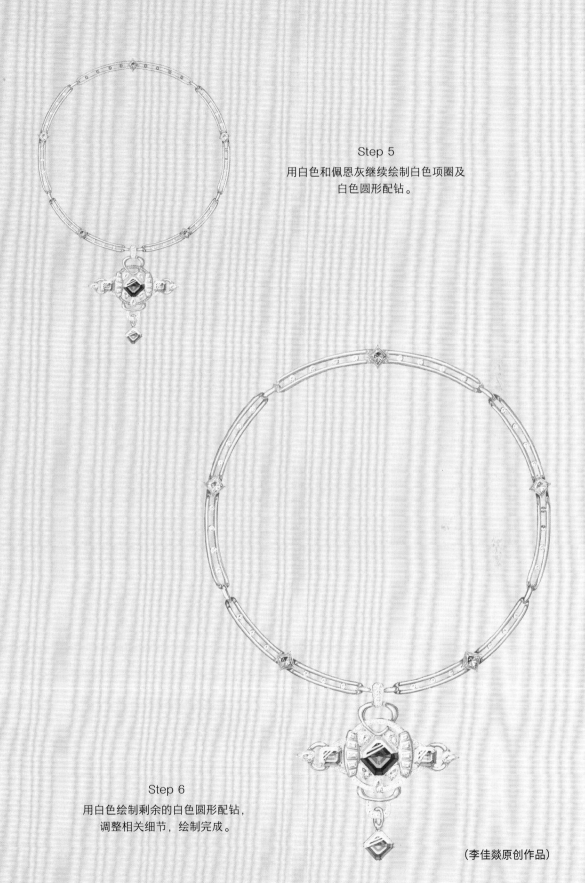

Step 5
用白色和佩恩灰继续绘制白色项圈及
白色圆形配钻。

Step 6
用白色绘制剩余的白色圆形配钻，
调整相关细节，绘制完成。

（李佳燊原创作品）

9.1.8 翡翠项链

Step 1

用铅笔画出翡翠吊坠的正视图和左、右侧视图。此处画两种不同的侧视图是用于教学展示，绘图时可依实际情况而定，通常吊坠的设计稿只画一正一侧即可。

Step 2

用浅绿色绘制翡翠的底色，绘图时可参照实物的颜色进行调色。

Step 3

用白色勾勒金属托的底色和白色配钻的台面，用深灰色画出金属托和链子的暗部。

Step 4

用白色勾勒白色配钻的轮廓，完善白色金属托的细节。

Step 5

遵循左上方 45°打光原则，用深翠绿由翡翠左上方向右下方均匀晕染，画出位于左上方的暗部。

Step 6

用白色画出翡翠的反光区域，反光沿主石轮廓变化。由于翡翠中间厚，所以上半部分的反光区域宽。

Step 7

用白色画出位于翡翠左上方暗部区域的高光，完善细节，绘制完成。

9.1.9 麻花金属吊坠

Step 1

绘制铅笔底稿。

Step 2

薄涂玫瑰金底色（赭石 + 肉色 +
白色 + 少许中黄）。

Step 3

遵循左上方45°打光原则，
沿金属结构画出暗部。

Step 4

调和玫瑰金底色和白色，
画出亮部区域。

Step 5

用赭石加强金属暗部区域的
效果，画出明暗交界线。

Step 6
调和亮部颜色，在暗部
区域沿明暗交界线画出
金属的反光。

Step 7
用白色沿着每一段金属
的弧度画出高光，绘制
完成。

Step 8
用玫瑰金的颜色遵循明
暗关系勾勒链子，并调
整细节。

9.2 戒指

9.2.1 蓝宝石白金戒指

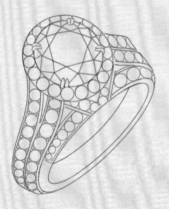

Step 1

画出蓝宝石戒指的立体图。

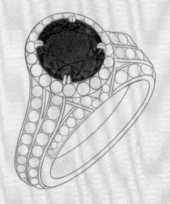

Step 2

用群青加蓝色画出戒指主
石的底色。

Step 3

用佩恩灰画出白色金属的
暗部，戒指内壁的中间部分
为受光面，由中间向两侧逐
渐变暗。

Step 4

用白色画出小钻石台面的
亮部和镶爪。

Step 5
用深蓝色画出主宝石的暗部。

Step 6
用纯白色勾勒白色配石的
轮廓、白色金属边以及主
石的镶爪。

Step 7
用浅蓝色画出戒指主石
的亮部，用纯白色勾勒
主石的刻面结构

Step 8
用纯白色画出蓝
宝石的高光，绘
制完成。

9.2.2 铂金白钻戒指

Step 1

画出戒指造型的铅笔稿。

Step 2

遵循左上方 45°打光原则,
绘制明暗关系,用中灰色
(佩恩灰加水)晕染钻石
和金属的暗部。

Step 3

用淡白色画出戒指的亮
面,使其与灰色底色自然
过渡,无明显分界线。

Step 4

增强钻石台面内部和金属
的暗部效果,增加戒指的
层次感并加强对比。

Step 5

用淡白色绘制钻石受光面
和金属厚度的反光面,使
其与底色自然过渡。

Step 6

用纯白色勾勒钻石的刻面。

Step 7

根据小钻台面的朝向,画出
戒臂小钻的暗部。

Step 8

用纯白色勾勒小钻的刻面
线条及主石的镶爪。

Step 9
将主石的受光面效果加强，
完善戒指圈的明暗关系，画
出高光和暗部的金属感并加
强对比。

Step 10
把主石的每个镶爪当成一
个金属球，用深灰色画出
镶爪的暗部。

Step 11
用纯白色将镶爪的高光点出。

Step 12
画出主石的高光和台面上
的反光，绘制完成。

9.2.3 钻戒平面图

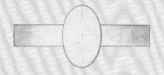

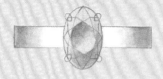

Step 1

根据戒圈拱起的方向，将戒圈两侧的部分用浅灰色涂暗。

Step 2

用淡白色薄涂金属片的亮部，使其与两侧的灰色自然过渡。

Step 3

遵循左上方45°打光原则，画出主石的明暗关系。

Step 4

加强金属部分的明暗对比效果，用淡白色晕染主石的亮部。

Step 5

用明暗关系塑造主石的体积感，用纯白色勾勒主石刻面，用深灰色加强金属的暗部。

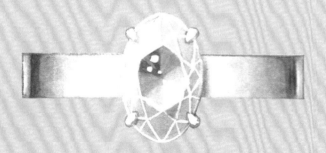

Step 6

画出主石的镶爪及主石的高光，绘制完成。

9.2.4 翡翠黄金戒指

Step 1

用铅笔画出翡翠戒指的底稿。

Step 2

薄涂 K 黄戒圈底色。

Step 3

根据左上方 45°打光原则，在戒指
的厚度及内壁画出暗部。

Step 4

用深灰色画出位于翡翠蛋面
左上方的暗部并均匀晕染。

Step 5

用淡白色在翡翠蛋面的右下方均
匀晕染，使其与底色自然过渡，
增强戒臂转折处的暗部效果。

Step 6

用金属亮部的颜色画出戒圈
侧臂的反光区域。

Step 7

强化戒臂的金属质感，画出重色和高光，但不需要与底色晕染，画出土石的高光和飘花。

Step 8

画出小钻，太小的钻石不需要画刻面和明暗关系，但是要注意白色圆点和小钻外圈的位置关系，否则很容易像小珍珠。

Step 9

用白色勾勒镶嵌小钻石的边，细化镶爪效果，绘制完成。

镶爪的绘画细节

9.2.5 玫瑰金对戒

Step 1

薄涂玫瑰金底色。

Step 2

遵循左上方 45°打光原则，分别画出两只戒指的暗部。

Step 3

根据弧面戒指的曲面转折，加强转折弧度区域的暗部效果。

Step 4

调和玫瑰金底色和白色，沿戒指的弧面分别绘制两只戒指的亮部。

Step 5

将上一步绘制的亮部颜色和底色自然晕染，增加右侧戒指的厚度。

Step 6
调和底色和白色，沿戒
指的曲面画出亮部。

Step 7
沿着戒指的曲面加强金属
质感的暗部颜色，且不与
底色晕染。

Step 8
用纯白色在亮部区域画出戒指
的高光，绘制完成。

9.2.6 黄金拉丝戒指

Step 1

画出戒指的铅笔稿。

Step 2

用中黄加少许土黄薄涂金属底色。

Step 3

遵循左上方 45°打光原则，绘制戒指的厚度和戒指内臂的暗部。

Step 4

戒指呈不规则造型，将戒指外壁背光的区域用深色涂暗。

Step 5

顺应戒指的纹理，用细勾线笔逐条画出戒指的拉丝效果。

Step 6

用纯白色勾勒戒指的高光，调整完善细节，完成绘制。

9.3 手链

9.3.1 彩色宝石手链

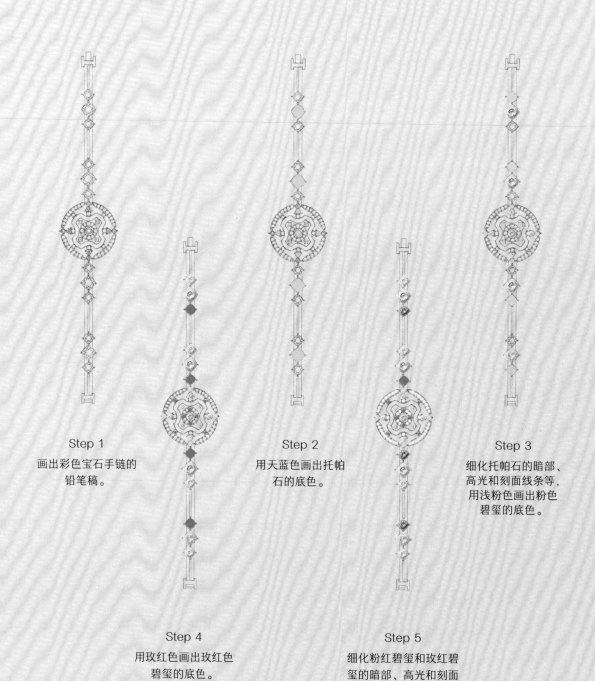

Step 1
画出彩色宝石手链的
铅笔稿。

Step 2
用天蓝色画出托帕
石的底色。

Step 3
细化托帕石的暗部、
高光和刻面线条等,
用浅粉色画出粉色
碧玺的底色。

Step 4
用玫红色画出玫红色
碧玺的底色。

Step 5
细化粉红碧玺和玫红碧
玺的暗部、高光和刻面
线条等,用白色画出白
色配钻。

Step 6
用中黄画出手链金
属材质的底色。

Step 7
遵循左上方45°打光原则，
用土黄和熟褐画出手链金
属材质的暗部。

Step 8
用中黄加白色，画出手链
金属部分的亮部及宝石镶
在手链上的投影效果。

Step 9
用纯白色画出金属材质的
高光部分，绘制完成。

9.3.2 彩色宝石手镯

Step 1

画出手镯的立体铅笔底稿。

Step 2

用天蓝色画出托帕石的底色。

Step 3

遵循左上方 45°打光原则，用深
蓝色画出蓝宝石的暗部，勾勒宝
石的刻面并画出高光。

Step 4

用粉色画出粉色碧玺的底色。

Step 5

用玫红色画出碧玺的底色。

Step 6

画出粉色碧玺和玫红色碧玺的暗
部，勾勒宝石的刻面并画出高光。

Step 7

用中黄画出手镯金属材质的
底色。

Step 8

用中黄加白色，画出手镯金
属材质的亮部及宝石镶在手
镯上的投影。

Step 9

用纯白色画出金属
材质的高光部分，
绘制完成。

9.4 耳饰

9.4.1 钻石耳坠

Step 1

画出钻石耳坠的铅笔稿。

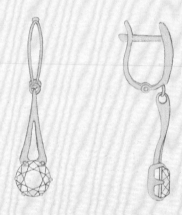

Step 2

用中黄加土黄画出钻石耳坠金
属材质部分的底色。

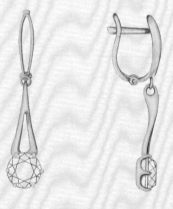

Step 3

遵循左上方45°打光原则，用
土黄加熟褐画出钻石耳坠金属
材质部分的暗部。

Step 4

用中黄加白色画出钻石耳坠金属
的亮部。

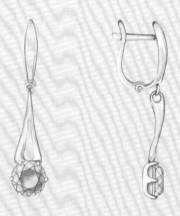

Step 5

遵循左上方 45°打光原则，用
佩恩灰晕染圆钻的暗部。

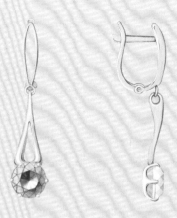

Step 6

加强圆钻台面左上方的暗部和右
下方的亮部，并画出侧视图钻石
左半边的亮部。

Step 7

用勾线笔勾勒圆钻的刻面。

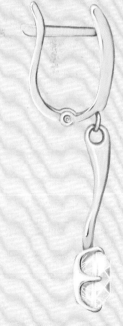

Step 8

画出钻石耳坠上端镶嵌的母贝，
绘制完成。

9.4.2 水滴红宝石耳坠

Step 1
画出水滴形红宝石耳坠的铅笔底稿。

Step 2
遵循左上方 45°打光原则，用佩恩灰晕染配钻的暗部。

Step 3
用白色画出白色小钻的台面、白色金属的底色，以及小钻旁的镶爪。

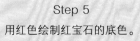

Step 4
用白色将白色小钻的轮廓勾勒完整。

Step 5
用红色绘制红宝石的底色。

Step 6
遵循左上方 45°打光原则，用深红色（大红色加蓝色），画出正视图中宝石的暗部，以及侧视图中宝石的右半部分。

Step 7

用淡白色在正视图中画出宝石
台面内的反光区域，以及侧视
图中宝石的亮部。

Step 8

用纯白色勾勒红宝石的刻面线条。

Step 9

用纯白色画出宝石的高光，
绘制完成。

9.4.3 海蓝宝珍珠耳钉

Step 1

画出海蓝宝珍珠耳钉的铅
笔底稿。

Step 2

用中黄画出耳钉金属材质的底色。

Step 3

遵循左上方 45°打光原则,用土黄加熟
褐画出耳钉金属材质的暗部。

Step 4

用中黄加白色画出耳钉金属材质的
亮部。

Step 5
用天蓝加白色画出海蓝宝配石的
底色。

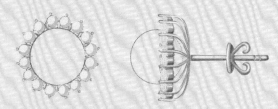

Step 6
用深蓝色画出海蓝宝配石的
暗部区域。

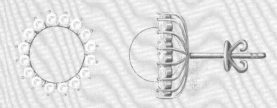

Step 7
用白色勾勒海蓝宝配石的刻面线条。

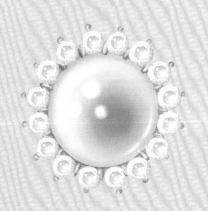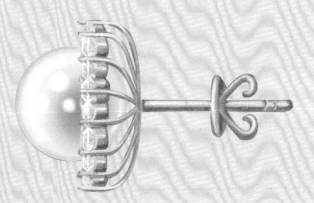

Step 8
画出珍珠主石，具体步骤请参看前文介绍，
绘制完成。

9.4.4 黑金魔鬼鱼耳钉

Step 1

用中灰色薄涂底色，注意佩恩灰中不要加白色。

Step 2

用大红色画出红宝石。

Step 3

遵循左上方 45°打光原则，画出魔鬼鱼造型的金属暗部，以及红宝石的明暗关系。

Step 4

增强金属暗部的效果，刻画金属的形态，突出明暗对比。加强红色宝石的明暗对比，画出亮部区域。

Step 5

用纯白色勾勒红宝石的刻面和高光，依照金属造型的起伏画出黑色金属的高光。

9.4.5 钛金耳坠

Step 1
用铅笔绘制耳坠的造型。

Step 2
蘸取群青薄涂整个
耳坠。

Step 3
根据金属的凹凸起伏造
型，用深群青画出金属
片的暗部。

Step 4
用紫罗兰与底色晕染。

Step 5
用群青增强暗部区域的效果，
突出金属片的体积感。

Step 6

用群青加白色、紫罗
兰加白色提亮金属侧
面的立体效果。

Step 7

用淡白色在金属片的亮
部画出高光区，形态贴
合金属片的结构。

Step 8

将淡白色与底色自然晕
染，在最亮处用纯白色
勾勒出高光，绘制完成。

9.5 胸针

9.5.1 黑欧泊胸针

Step 1

画出铅笔底稿。

Step 2

用佩恩灰画出暗部，表现胸针整体
的明暗关系，注意暗部的强弱层次，
通常金属转折强烈的区域颜色偏重。

Step 3

用水加白色，晕染出白色金
属的亮部。

Step 4

用水加白色，画出主石周围
的金属亮部。

Step 5

用群青加蓝色，画出黑欧泊的底色。

Step 6

用粉紫画出三角形宝石的底色。

Step 7

以蓝绿调、粉橙调、黄绿调的顺序进行叠加涂抹，画出黑欧泊丰富的色彩。在涂抹色彩时可采用枯画笔，可以更加凸显色彩变化的灵活感。

Step 8

完善主石色彩，画出紫色星光蓝宝石、小珍珠和渐变蓝宝石，用纯白色画出金属的高光，绘制完成。

9.5.2 透窗珐琅异形珍珠胸针

Step 1

画出铅笔底稿。

Step 2

调天蓝加绿色画出点翠部分的底色。

Step 3

用天蓝加白色再加绿色，画出点翠羽毛的纹理。通过叠加错开的形式，表现明暗变化的效果。

Step 4

用绿色画出翡翠主石的底色。

Step 5

将翡翠主石的明暗关系、高光绘制完整，具体步骤可参考前文素面宝石的绘制方法。

Step 6

遵循左上方45°打光原则，用佩恩灰晕染圆形珍珠和异形珍珠的暗部。

Step 7
用白色画出珍珠的亮部。

Step 8
用绿色涂抹中间的圆形镂
空珐琅，上半部分为黄绿
色，下半部分为翠绿色。

Step 9
用蓝绿渐变色画出两侧的
镂空珐琅。

Step 10
调整细节，画出金属材质的
高光和暗部，绘制完成。

9.5.3 火欧泊胸针

Step 1

画出铅笔底稿。

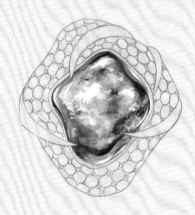

Step 2

画出火欧泊的主石，具体步骤
请参照前文火欧泊的绘制方法。

Step 3

用佩恩灰画出黑金的底色，注
意画出由弱到强的明暗关系，
逐渐叠加层次，防止过于浓黑。

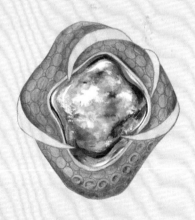

Step 4

用深灰色画出黑色钻石的暗部。

Step 5
用淡白色画出黑色钻石
的亮部。

Step 6
画出黑色钻石的细节，黑钻的亮
度随着造型的起伏而变化。

Step 7
用蓝色和紫色画出钛金
的镶爪，以及钛金镶爪
在黑金主体上的投影。

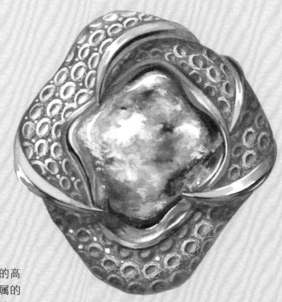

Step 8
用纯白色画出钛金镶爪上的高
光，高光的形态要随着金属的
形态不同而变化，绘制完成。

9.5.4 丑牛胸针

Step 1
用铅笔画出造型底稿。

Step 2
用淡白色绘制牛的面部和犄角，分别用紫色、蓝色和玫红绘制造型花纹及主石的底色。

Step 3
遵循左上方45°打光原则，绘制头冠、耳朵、头和宝石之间的纹饰，塑造出造型的层次感和体积感。

Step 4
用佩恩灰绘制牛鼻子，塑造主石的体积感，用深粉红绘制主石台面内左上方和台面外右下方的暗部，并与底色均匀过渡。

Step 5

用白色勾勒心形粉红色宝
石的刻面结构。

Step 6

用粉红色画出犄角两侧的粉色素
面宝石，用蓝色画出蓝色钛金小
铃铛，调整细节，完成绘制。

9.5.5 彩色宝石胸针

Step 1

画出胸针造型的铅笔稿。

Step 2

画出锰铝榴石和黄色蓝宝石，详细步骤可参照前文宝石的上色步骤。

Step 3

画出枕形红宝石及椭圆碧玺，详细步骤参照前文讲述的方法。

Step 4

画出部分白色配钻。

Step 5

用中黄色作为小黄钻的底色，用中黄加白色画出小黄钻的台面。

Step 6

用中黄加白色勾勒黄钻的轮廓及刻面。

Step 7

用白色画出剩余的白色配石。

Step 8

用白色勾勒胸针的整体轮
廓，完成绘制。

9.6 点翠发簪

Step 1

画出发簪的铅笔底稿。

Step 2

用蓝色画出点翠的底色。

Step 3

用天蓝加白色画出羽毛的纹理，以错落有致的方式表现虚实变化。

Step 4

用深色加强羽毛纹理光感的变化。

Step 5

用熟褐画出木质发簪的插杆，遵循左上方 45°打光原则画出明暗关系。

Step 6

用红色画出珊瑚配石的底色。

Step 7

遵循左上方 45°打光原则，用暗
红色画出珊瑚配石的暗部。

Step 8

用白色画出珊瑚的高光，调整细节，完成绘制。

9.7 钻石袖扣

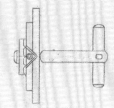

Step 1

画出袖扣的铅笔底稿。

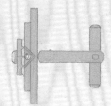

Step 2

用土黄加中黄画出袖扣的金属
底色。

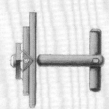

Step 3

遵循左上方 45°打光原则，
用土黄加熟褐画出金属材质
的暗部。

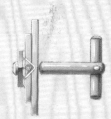

Step 4

用中黄加白色画出金属的亮部。

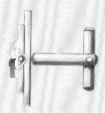

Step 5
用佩恩灰画出袖扣小圆钻的
暗部。

Step 6
用纯白色画出小圆钻的台面。

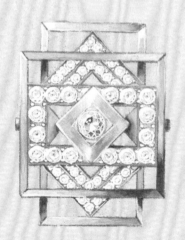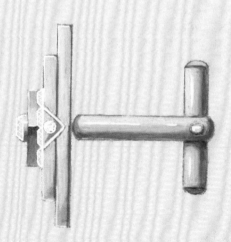

Step 7
用白色勾勒小圆钻的刻面线条，
绘制完成。

参 考 文 献

[1] 范泽 . 宝石琢磨与镶嵌工艺 [M]. 北京：化学工业出版社，2016.

[2] 李俊刚，吕迎，金云学，宋照伟，王彦青 . 加热温度对纯钛氧化增重及表面形貌的影响 [J]. 热处理技术与装备，2007，28:35.

[3] 李蜀光 . 绘画透视原理与技法 [M]. 重庆：西南师范大学出版社，2008.

读 者 服 务

　　读者在阅读本书的过程中如果遇到问题,可以关注"有艺"公众号,通过公众号与我们取得联系。此外,通过关注"有艺"公众号,您还可以获取更多的新书资讯、书单推荐、优惠活动等相关信息。

扫一扫关注"有艺"

　　资源下载方法:关注"有艺"公众号,在"有艺学堂"的"资源下载"中获取下载链接,如果遇到无法下载的情况,可以通过以下三种方式与我们取得联系:

　　1.关注"有艺"公众号,通过"读者反馈"功能提交相关信息;

　　2.请发邮件至 art@phei.com.cn,邮件标题命名方式:资源下载 + 书名;

　　3.读者服务热线:(010) 88254161~88254167 转 1897。

　　投稿、团购合作:请发邮件至 art@phei.com.cn。